“十四五”职业教育国家规划教材

“十三五”职业教育国家规划教材

机床夹具设计

（含习题册）

主　编　陈爱华
副主编　朱国明　王　飞
参　编　胡凯俊　李鑫东
主　审　李世存
副主审　冯　平　董扬德

机械工业出版社

本书是"十四五"职业教育国家规划教材，是机械类专业一体化课程改革创新教材，以培养机床夹具设计能力为目标，以典型工作项目为载体，以学生为中心，结合机床夹具设计岗位的职业活动编写而成。

本书共分为六个项目，分别是认识机床夹具、制订工件定位方案、制订工件夹紧方案、钻床夹具设计、车床夹具设计、铣床夹具设计。本书围绕学习项目，组织学生开展"相关知识学习""样例学习"等活动，为完成项目提供学习路径及方法。

为便于教学，本书配套有电子教案、助教课件、教学视频等教学资源，选择本书作为教材的教师可来电（010-88379375）索取，或登录www.cmpedu.com网站，注册、免费下载。为方便学生学习，书中以二维码的形式嵌入了视频、微课等多媒体资源，本书还配有习题册及答案，可巩固学习效果。本课程可采用线上线下融媒体教学，线上教学资源链接码https://zyk.ibtpt.com/class/41.html，可用微信等方式报名登录。

本书可作为职业院校机械类专业的教学用书，也可供相关工程技术人员参考。

图书在版编目（CIP）数据

机床夹具设计：含习题册/陈爱华主编. —北京：机械工业出版社，2019.7（2025.1 重印）
"十三五"职业教育机械类专业规划教材
ISBN 978-7-111-63634-2

Ⅰ. ①机… Ⅱ. ①陈… Ⅲ. ①机床夹具-设计-职业教育-教材 Ⅳ. ①TG750.2

中国版本图书馆 CIP 数据核字（2019）第 199945 号

机械工业出版社（北京市百万庄大街22号　邮政编码100037）
策划编辑：齐志刚　责任编辑：王莉娜　齐志刚　杨　璇
责任校对：陈　越　封面设计：张　静
责任印制：邰　敏
中煤（北京）印务有限公司印刷
2025 年 1 月第 1 版第 20 次印刷
184mm×260mm · 15 印张 · 336 千字
标准书号：ISBN 978-7-111-63634-2
定价：46.80 元

电话服务　　　　　　　　　　网络服务
客服电话：010-88361066　　机　工　官　网：www.cmpbook.com
　　　　　010-88379833　　机　工　官　博：weibo.com/cmp1952
　　　　　010-68326294　　金　书　网：www.golden-book.com
封底无防伪标均为盗版　　机工教育服务网：www.cmpedu.com

关于"十四五"职业教育国家规划教材的出版说明

为贯彻落实《中共中央关于认真学习宣传贯彻党的二十大精神的决定》《习近平新时代中国特色社会主义思想进课程教材指南》《职业院校教材管理办法》等文件精神，机械工业出版社与教材编写团队一道，认真执行思政内容进教材、进课堂、进头脑要求，尊重教育规律，遵循学科特点，对教材内容进行了更新，着力落实以下要求：

1. 提升教材铸魂育人功能，培育、践行社会主义核心价值观，教育引导学生树立共产主义远大理想和中国特色社会主义共同理想，坚定"四个自信"，厚植爱国主义情怀，把爱国情、强国志、报国行自觉融入建设社会主义现代化强国、实现中华民族伟大复兴的奋斗之中。同时，弘扬中华优秀传统文化，深入开展宪法法治教育。

2. 注重科学思维方法训练和科学伦理教育，培养学生探索未知、追求真理、勇攀科学高峰的责任感和使命感；强化学生工程伦理教育，培养学生精益求精的大国工匠精神，激发学生科技报国的家国情怀和使命担当。加快构建中国特色哲学社会科学学科体系、学术体系、话语体系。帮助学生了解相关专业和行业领域的国家战略、法律法规和相关政策，引导学生深入社会实践、关注现实问题，培育学生经世济民、诚信服务、德法兼修的职业素养。

3. 教育引导学生深刻理解并自觉实践各行业的职业精神、职业规范，增强职业责任感，培养遵纪守法、爱岗敬业、无私奉献、诚实守信、公道办事、开拓创新的职业品格和行为习惯。

在此基础上，及时更新教材知识内容，体现产业发展的新技术、新工艺、新规范、新标准。加强教材数字化建设，丰富配套资源，形成可听、可视、可练、可互动的融媒体教材。

教材建设需要各方的共同努力，也欢迎相关教材使用院校的师生及时反馈意见和建议，我们将认真组织力量进行研究，在后续重印及再版时吸纳改进，不断推动高质量教材出版。

机械工业出版社

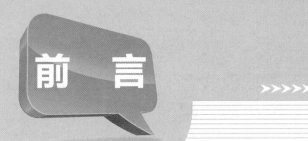

前　言

为了贯彻《国家职业教育改革实施方案》等文件精神，落实立德树人的根本任务，提升高技能人才培养质量，服务工业现代化，彰显类型特色突出的职业教育特点，由技工院校与先进制造业企业联合开发了本书。本书主要体现了以下几个特点。

一、对接岗位，提取任务

本书紧跟现代制造业高质量发展趋势和行业人才需求，以机床夹具设计岗位定位，从完成机床夹具设计典型工作任务入手，分析职业能力，选取车床夹具设计等较为典型的代表性工作任务，并将其转化为学习任务，同时在学习任务中纳入智能制造发展的新技术、新工艺、新规范、新材料、新标准。

二、突出能力，学做合一

本书以工程应用能力的培养为主线，注重理论联系实际，强化学生职业素养培养和专业技术积累，突出应用；围绕学习任务组织相关知识、操作技能学习，让所学知识、技能在完成学习任务中得到有效应用。

三、因材施教，循序渐进

本书遵循技术技能人才成长规律，根据学生的学习基础，确定学习任务难易、任务范围。每个任务安排了任务目标、任务描述、任务分析、相关知识、任务实施、任务拓展等环节，为学生设置学习路径、学习方法，便于自主学习。

四、多元立体，激发兴趣

本书围绕职业教育课程的类型特色和新形态教材编写要求，以能力为本位通过项目任务引领，构建形态新颖多元立体的呈现形式。"多元"是指学习路径、学习方法、评价方法多种要素相融合；"立体"是指本书不仅以文字与平面图形的方式进行二维呈现，而且以二维码的形式嵌入微视频、三维模拟仿真等，推进教育数字化。

本书由认识机床夹具、制订工件定位方案、制订工件夹紧方案、钻床夹具设计、车床夹具设计、铣床夹具设计共六个项目组成，建议学时为86学时。本书由金华市技师学院陈爱华任主编。本书的具体编写分工如下：课程导航、项目一、六和附录由金华市技师学院陈爱华、胡凯俊编写；项目四、五由金华市技师学院朱国明、李鑫东编写；项目二、三由金华市技师学院王飞编写。本书由宁波技师学院李世存任主审，宁波技师学院冯平、杭州第一技师学院董扬德参加审稿。本书的编写得到了浙江金轮机电实业有限公司潘劲松、浙江派尼尔科技股份有限公司王殿双的大力支持，他们对本书内容及体系提出了很多中肯的建议，在此表示衷心的感谢！

在编写过程中，编者参阅了国内出版的有关教材和资料，在此对各位作者表示衷心感谢！

编　者

目 录

课 程 导 航

制造业直接体现了一个国家的生产力水平，机械制造技术的发展与进步助推了机械制造工业的发展与进步。机床夹具是在机床上用来正确地装夹工件及引导刀具，保证加工时工件相对于刀具和机床加工运动间的相对正确位置的一种装置。机床、刀具、夹具与被加工工件构成了一个实现某种加工方法的机械加工工艺系统。

一、机床夹具现状

现代生产企业所制造的产品需经常更新换代，以适应市场的需求和竞争。国际生产协会统计表明，目前中、小批量多品种生产的工件已占工件总数的 85% 左右。一般具有中等生产能力的企业，约拥有数百套甚至上千套专用夹具，同时，每隔 3~4 年就要更新 50%~80% 专用夹具。机床夹具是不可或缺的工艺装备，直接影响加工的精度、效率及成本。因此，机床夹具设计在企业的产品设计与制造中占据重要的地位。

二、先修课程及对接岗位

本课程与先修课程及对接岗位关系，如图 0-1 所示。

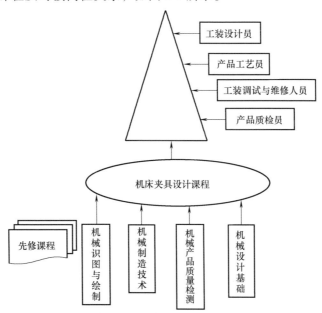

图 0-1　本课程与先修课程及对接岗位关系

三、本课程学习目标、主要内容与学习要求

（一）学习目标

通过本课程学习，培养学生具有对机床夹具应用、分析能力，培养学生具有对较典型、

较简单机床夹具的设计能力及良好职业素养，具体应具备以下专业能力。

1）能使用机床夹具加工工件。

2）能分析典型机床夹具装夹工件原理与夹具精度。

3）能根据加工工件的工序要求，制订合适的夹具设计方案。

4）能合理地选择夹具材料。

5）能合理设计夹具总体结构及夹具体等零件结构。

6）能查阅有关夹具设计的手册、图册等工具用书。

7）能正确地绘制较简单机床夹具装配总图及零件图。

（二）主要内容

本课程由认识机床夹具、制订工件定位方案、制订工件夹紧方案、钻床夹具设计、车床夹具设计、铣床夹具设计六个项目组成，主要研究以下内容。

1. 工件定位

工件定位原理、常用定位元件选择、典型定位方式选择、定位误差分析和计算等。

2. 工件夹紧

夹紧力的确定原则、基本夹紧机构的设计与选用、夹具动力装置的应用等。

3. 专用夹具设计

车床、铣床、钻床上使用夹具的特点、设计要点，设计专用夹具的方法、步骤，夹具总图上尺寸、公差配合、技术要求的标注方法等。

（三）学习要求

1. 重视夹具设计课程，积极主动开展学习

"机床夹具设计"课程对接着工装应用、设计、改造的相关岗位群，这些岗位群适合高技能人才的立足、成长与发展。本课程的特征是"学习的内容是工作，通过工作实现学习"，因此，需要学习者着眼未来就业岗位，以积极主动的态度开展学习。

2. 理论联系生产实际，了解夹具实际应用

机床夹具设计源于生产实践，用于生产实践。它研究加工一个零件的某个工序所需要夹具，导出该夹具与本工序中的工艺、刀具和机床的关系以及机床夹具设计的思路和方法，因此，需要学习者重视生产实践，多观察、了解机床夹具在生产实际中的应用。

3. 以项目为载体学习，开展"做中学、学中做"

本课程以项目为载体引入，通过相关知识、工厂示例等方式，引导学习者自主学习。学习者通过实际工作项目，运用典型化的工艺方案知识，设计出某个工艺过程需要的机床夹具。通过完成项目，掌握知识与技能，掌握夹具设计的方法，形成分析问题与解决问题的能力。

4. 总结归纳，寻找规律，举一反三，拓展提高

通过完成课堂中典型工作项目与课后作业，能总结归纳、寻找规律、拓展提高，解决一些在机械制造中的共性问题，从而形成对机床夹具的应用、分析与设计的能力。

认识机床夹具

学 习 目 标

1. 能描述机床夹具种类与特点。
2. 能描述专用夹具装夹工件的特点。
3. 能使用专用夹具装夹工件。
4. 能指出专用夹具组成及各部分作用。
5. 能描述较典型机床夹具装夹工件的工作原理。
6. 能促进学生增强"质量强国"的使命感。

建议学时

2 学时。

工作情境描述

现有一件后盖工件与一副后盖钻夹具，要求钻后盖上 φ10mm 的孔，如图 1-1 所示。图 1-1a 所示为后盖工件钻径向孔工序图，图 1-1b 所示为后盖钻夹具。要求学生分组完成应用

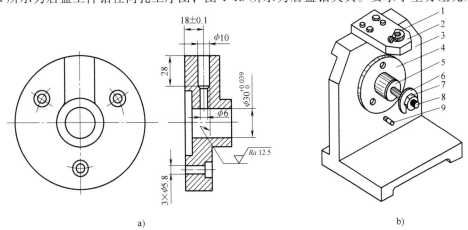

a)   b)

图 1-1　工序图和后盖钻夹具

a）后盖工件钻径向孔工序图　b）后盖钻夹具

1—钻套　2—钻模板　3—夹具体　4—支承板　5—定位心轴　6—开口垫圈　7—螺母　8—螺杆　9—菱形销

后盖钻夹具对工件进行装夹，描述工件装夹过程与特点，分析其钻夹具的各部分组成及作用。

📷 项目分析

完成该项目需了解工件装夹的目的，了解找正法装夹工件与专用夹具装夹工件的区别，了解夹具分类、组成。通过工件装夹，理解各零件作用及夹具工作原理。

📷 知识学习

在切削加工、焊接、装配、检验等机械制造过程中，用来固定加工对象，使之占有正确加工位置的工艺装备称为夹具。在机床上使用的夹具称为机床夹具，一般简称为夹具。

认识机床夹具

一、工件的装夹

在机床上对工件进行加工时，为了保证加工表面相对其他表面的尺寸和位置，首先需要工件相对于机床和刀具占据正确的位置，然后压紧工件，使其承受各种力的作用而保持这一准确的位置，这一过程称为工件的装夹。

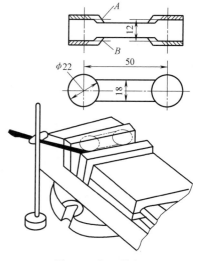

（一）找正法装夹工件

【例】 找正装夹

以工件上事先划好的痕迹找正装夹工件。如图 1-2 所示，在台虎钳上用划针根据线痕找正装夹工件。

装夹过程为预夹紧→找正、敲击→完全夹紧。

找正法装夹工件，工件正确位置的获得是通过找正达到的，夹具只起到夹紧工件的作用。这种方法方便、简单、生产率低、劳动强度大，适用于单件、小批量生产。

图 1-2 找正装夹

（二）专用夹具装夹工件

1. 钻床夹具装夹

如图 1-3 所示，在钻床夹具上加工套类零件上 $\phi6H9$ 径向孔，工件以内孔及端面与夹具

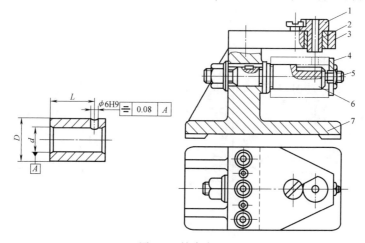

图 1-3 钻床夹具

1—钻套 2—衬套 3—钻模板 4—开口垫圈 5—螺母 6—定位心轴 7—夹具体

上定位心轴 6 及其端面接触定位，通过开口垫圈 4、螺母 5 压紧工件。把夹具放在钻床的工作台面上，移动夹具让钻套 1 引导钻头钻孔。因钻套内孔中心线到定位心轴 6 端面的尺寸及对定位心轴 6 轴线的对称度是根据工件孔加工位置要求确定的，所以能满足工件加工要求。

该钻床夹具装夹工件特点是工件装夹操作简便、工作效率高。

2. 铣床夹具装夹

如图 1-4 所示，在铣床夹具上加工套类零件上的通槽，工件以内孔及端面与夹具上定位心轴 3 及端面接触定位，通过开口垫圈 5、螺母 4 压紧工件。在铣床上，夹具通过底面和定位键 1 与铣床工作台面和 T 形槽面接触，确定夹具在铣床工作台上的位置。通过螺栓压板压紧夹具，然后移动工作台，让对刀块 2 工作面与塞尺、刀具切削表面接触确定其相对位置后加工工件，因对刀块 2 工作面到心轴轴线的位置尺寸是根据工件加工要求确定的，所以能满足工件加工要求。

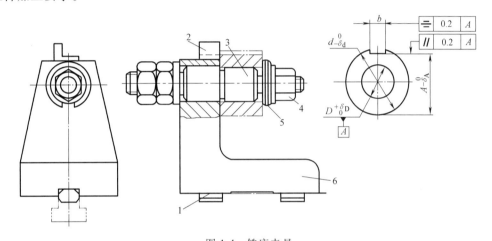

图 1-4　铣床夹具

1—定位键　2—对刀块　3—定位心轴　4—螺母　5—开口垫圈　6—夹具体

3. 专用夹具装夹工件特点

1）工件在夹具中定位迅速。

2）工件通过预先在机床上调整好位置的夹具，相对机床占有正确位置。

3）工件通过对刀、导引装置，相对刀具占有正确位置。

4）对加工成批工件效率尤为显著。

二、机床夹具的功能、工作原理及作用

（一）机床夹具的功能

机床夹具的主要功能是使工件定位和夹紧。但由于各类机床加工方式的不同，有的机床夹具还需有对刀、导向、分度等其他功能。

1. 主要功能

1）定位功能。定位是确定工件在夹具中占有正确位置的过程。正确的定位可以确保工件加工面的尺寸和几何精度。

2）夹紧功能。夹紧是将工件定位后固定，使其在加工过程中保持定位位置不变的过程。

2. 其他功能

1）对刀功能。对刀是调整刀具刀位点相对于工件或夹具的正确位置，如铣床夹具中的对刀装置，它能迅速确定铣刀与夹具的正确位置。

2）导向功能。导向是确定刀具位置并引导刀具进给，如钻床夹具中的钻套，能迅速确定钻头的位置，并引导其进行钻削。

3）分度功能。分度用于确定相同加工要素间的相对位置。

4）连接功能。连接是将夹具与机床进行有机结合。

（二）机床夹具的工作原理

机床夹具的工作原理如图 1-4 所示，工件通过定位元件在夹具中占有正确的位置，夹具通过定位键在机床中占有正确的位置，夹具通过对刀、导引装置相对刀具占有正确位置，从而保证工件相对于机床位置正确、工件相对于刀具位置正确，最终保证满足工件加工要求。

（三）机床夹具的作用

机床夹具在生产中得到广泛应用，并且发挥重要的作用，其主要作用见表 1-1。

表 1-1　机床夹具在生产中的主要作用

主要作用	说　明
保证工件有更好的加工精度，稳定整批工件的加工质量	机床夹具的应用保证了工件的相对位置精度，可使同一批工件的装夹结果高度统一，稳定的装夹使各工件间的加工条件差异性大为减小。所以，采用夹具可以稳定、可靠地保证整批工件的加工质量
提高劳动生产率	机床夹具可以快速而准确地完成工件的定位和夹紧，省去了逐个工件进行找正调整的装夹过程，大大缩短了每一工件的装夹辅助工时。这对于大批量生产的工件，尤其是外形轮廓较复杂、不易找正装夹的工件，其效用更高
改善工人的劳动条件	采用机床夹具后，使工件装夹方便而快捷，减轻了工人的劳动强度
降低对操作工的技术等级要求	机床夹具的应用使工件的装夹操作大为简化，使得一些对生产并不熟练的技术工人有可能被任用
扩大机床使用范围	专用夹具可扩大机床的使用范围，如在车床床鞍上安装镗模，可进行箱体孔系加工

三、机床夹具的组成

机床夹具由定位元件、夹紧机构、夹具体、对刀装置、连接装置及其他辅助装置组成，其中定位元件、夹紧机构、夹具体是夹具的基本组成部分。

（一）基本组成

1. 定位元件

定位元件是与工件定位基准（面）接触的元件，用来确定工件在夹具中的正确位置。图 1-1 所示后盖钻夹具中定位心轴 5 为定位元件。常用的定位元件有 V 形块、定位心轴、定位套、角铁等，如图 1-5 所示。

2. 夹紧机构

夹紧机构是压紧工件的装置，使工件在切削力、重力、离心力等作用下仍能牢固地紧靠在定位元件上。图 1-1 所示后盖钻夹具中螺杆 8、螺母 7、开口垫圈 6 构成螺旋夹紧机构。图 1-6 所示为单个螺旋夹紧机构。

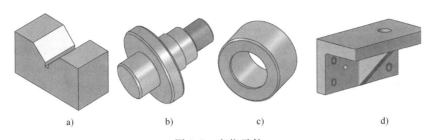

图 1-5　定位元件

a）V 形块　b）定位心轴　c）定位套　d）角铁

3. 夹具体

夹具体是夹具的基础元件，它将其他所有夹具元件连接成一个有机的整体，并完成夹具与机床的连接。图 1-1 所示后盖钻夹具中件 3 为夹具体。钻床夹具夹具体和车床夹具夹具体，如图 1-7 所示。

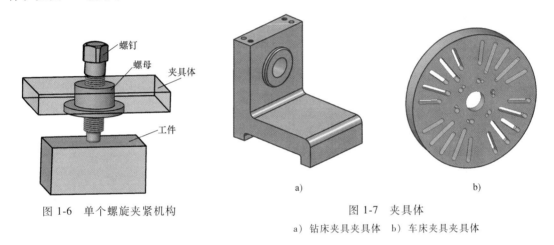

图 1-6　单个螺旋夹紧机构

图 1-7　夹具体

a）钻床夹具夹具体　b）车床夹具夹具体

（二）其他组成

1. 连接装置

连接机床与夹具的装置，用来确定夹具在机床中的位置。

> **工厂提示**
>
> 根据机床工作特点，夹具在机床上的连接通常有下列两种形式：一种是连接在机床工作台上，如铣床夹具连接；另一种是连接在机床主轴上，如车床与夹具连接。

2. 对刀、导引装置

用来确定夹具与刀具相对位置的装置。图 1-1 所示后盖钻夹具中钻套 1、钻模板 2 组成刀具导引装置。

3. 其他装置

起辅助作用的装置，如对于大型夹具，常设置吊装装置等。

四、机床夹具分类

根据不同的分类方法，可以把机床夹具分为若干个不同的种类。机床夹具按通用程度分为通用夹具、专用夹具、组合夹具三个大类，具体见表1-2。

表1-2　机床夹具按通用程度分类

种 类	图 例	说 明
通用夹具		通用夹具是指结构、尺寸已标准化，且具有一定通用性的夹具，如自定心卡盘、单动卡盘、机用平口钳、分度头、顶尖等，其特点是应用范围大，已成为机床附件，但其生产率低，适合于单件小批量生产
专用夹具		专用夹具是指针对某一工件的某一工序的加工要求专门设计和制造的夹具，其特点是加工成批工件效率高，夹具生产周期长、费用高，适合于批量生产
组合夹具		组合夹具是模块化的专用夹具，由预先制造好的标准元件和组合件拼装而成。这类夹具的通用化程度介于通用与专用之间，适合于单件生产及中、小批量生产，是一种较经济的夹具

五、工件加工误差的组成

工件的加工误差由装夹误差（Δ_{ZJ}）、对定误差（Δ_{DD}）和过程误差（Δ_{GC}）组成。

（一）装夹误差（Δ_{ZJ}）

装夹误差（Δ_{ZJ}）是指把工件装夹到夹具上，由于工件位置不准确而在工件上产生的加工误差，它由定位误差（Δ_{dw}）和夹紧误差（Δ_{jj}）组成。

1. 定位误差（Δ_{dw}）

定位误差（Δ_{dw}）是指工件在夹具上由于定位不准确而在工件上产生的加工误差。

2. 夹紧误差（Δ_{jj}）

夹紧误差（Δ_{jj}）是指由于工件夹紧变形而产生的加工误差。当夹紧力方向、作用点、大小合理时，该误差近似为零。

（二）对定误差（Δ_{DD}）

对定误差（Δ_{DD}）是指由于夹具在机床上安装位置不准确和夹具与刀具相对位置不准确而在工件上产生的加工误差。它由夹具位置误差（Δ_{jw}）和夹具对刀误差（Δ_{jd}）组成。

1. 夹具位置误差（Δ_{jw}）

夹具位置误差（Δ_{jw}）是指由于夹具在机床上安装位置不准确而在工件上产生的加工误差。

2. 夹具对刀误差（Δ_{jd}）

夹具对刀误差（Δ_{jd}）是指由于夹具与刀具位置不准确而在工件上产生的加工误差。

（三）过程误差（Δ_{GC}）

过程误差（Δ_{GC}）是指在加工过程中由于磨损、变形、振动等因素引起而在工件上产生的加工误差。该误差属随机变量，无法量化。

六、夹具误差不等式

在加工过程中，工件上产生的各种加工误差之和应小于工件工序尺寸的公差（T），即

$$\Delta_{ZJ}+\Delta_{DD}+\Delta_{GC} \leqslant T \tag{1-1}$$

为方便计算，一般各取 $1/3$，有 $\Delta_{GC} \leqslant T/3$。当忽略 Δ_{jj} 时，

$$\sqrt{\Delta_{dw}^2+\Delta_{jw}^2+\Delta_{jd}^2} \leqslant \frac{2}{3}T \tag{1-2}$$

分析夹具精度时，若满足此式，则认为夹具设计符合加工要求。

❖ 项目实施

一、完成后盖钻夹具对工件装夹

（一）准备工作

_____

_____

（二）工件装夹步骤

_____

_____

_____

二、简述该钻夹具的特点

_____

_____

三、简述该钻夹具的各部分组成及作用

定位元件是_____，其作用是_____。

夹紧机构由＿＿＿＿＿＿＿＿＿＿＿＿＿＿组成，其作用是＿＿＿＿＿＿＿＿＿＿＿＿。

夹具体是＿＿＿＿＿＿＿＿＿＿＿，其作用是＿＿＿＿＿＿＿＿＿＿＿。

刀具导引装置由＿＿＿＿＿＿＿＿＿＿＿＿组成，其作用是＿＿＿＿＿＿＿＿＿＿＿＿。

 **知识拓展**

现代机床夹具的发展方向

随着现代科学技术的进步和社会生产力的发展，机床夹具已由一种简单的辅助工具发展成为门类齐全的重要机械加工工艺装备。机床夹具对加工质量、生产率和产品成本有直接影响。现代机床夹具的发展方向主要表现为高精度、高效率、柔性化和标准化等几个方面。

一、高精度

随着各类产品制造精度日益提高，对机床和夹具的精度要求也越来越高，为适应高精度产品的加工需要，高精度成为近代机床夹具发展的一个重要方向。目前，用于精密车削的高精度自定心卡盘，其定心精度可达 $5\mu m$ 以内；高精度心轴的同轴度误差可控制在 $1\mu m$ 以内；用于轴承座圈磨削的电磁无心夹具，可使工件圆度误差控制在 $0.2 \sim 0.5\mu m$。

二、高效率

高效率主要体现在高切速、大用量、重负荷三个方面，高效夹具除应适应高效加工的夹紧要求外，还表现在工件安装的自动化程度、准确性和灵活性上，以尽量减少装夹辅助时间，减少工人的劳动强度。在大规模的专业化生产中，常专门设置工件的安装工位，使工件装夹辅助时间与机械加工的走刀时间重合，以实现不停机地连续加工。现代夹具，尤其是应用于各类自动生产线上的夹具，基本上都采用气动、液动、电动和机动等动力夹具，使工件装夹快速、准确，并可实现远程控制。另外，多件夹具和复合夹具的应用也相当广泛，在高效生产中发挥很大作用。

三、柔性化

柔性化是指夹具依靠其自身的结构灵活性进行简单的组装、调整，即可适应生产加工不同情况的需要，是夹具对生产条件的一种自适应能力。随着数控机床、成组技术、柔性制造系统（FMS）加工技术的应用，对夹具的配套要求也越来越高，夹具与机床间的关系越来越密切，现代夹具将逐渐与机床融为一体，夹具与机床间的适应性发展，极大地提高了机床的加工能力、机动性能，使得原来功能较为单一的专用机床的功能不断扩大。具有自动回转、翻转功能的高效能夹具的普遍应用，已使得有些中、小批量产品的生产率逐渐接近于专业化的大批量生产水平。

四、标准化

标准化是夹具零件系列化、通用化的体现，是促使现代夹具发展的十分重要的一项技术措施。随着科学技术的飞速发展和我国改革开放步伐加快，我国技术标准与国际技术标准逐渐接轨。国家有关部门在"三化"方面做了大量的工作，先后对夹具零部件的有关技术标准进行改革和完善，颁布了新的夹具零部件的推荐标准，为机床夹具的设计、制造及应用提供了规范性文件，推动了夹具的专业化生产。

【思考与练习】

1. 谈谈"质量强国"与本课程学习的关系。

2. 图 1-4 所示为铣床夹具，试完成以下任务。

1）分析其结构组成与各零件作用。

2）简述工件装夹的工作过程。

项目二

>>>>>>>

制订工件定位方案

学习目标

1. 能选择工件的定位基准。
2. 能分析确定工件加工所需限定的自由度。
3. 能根据加工要求选择定位方式。
4. 能根据定位要求选择定位元件。
5. 能正确地计算定位误差，培养学生精益求精的工匠精神。
6. 能分析定位误差是否满足加工要求。
7. 能制订工件在夹具中的定位方案。
8. 能进行良好的交流与合作。

建议学时

16 学时。

工作情境描述

如图 2-1 所示，钢套工件在本工序中需钻 $\phi 5mm$ 的孔，工件材料为 Q235A 钢，批量 $N=2000$ 件，工件已经完成了内、外圆和端面的加工，现使用 Z512 钻床钻 $\phi 5mm$ 孔。试设计该工序定位方案。加工要求如下。

1）$\phi 5mm$ 孔轴线到端面 B 的距离为 20mm±0.1mm。

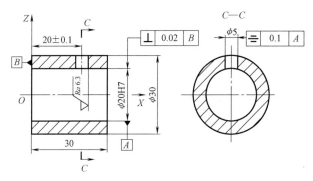

图 2-1　钢套工件

2）$\phi 5mm$ 孔轴线对 $\phi 20H7$ 孔轴线的对称度公差为 0.1mm。

工作流程与任务

任务一 选择定位基准

任 务 目 标

1. 能分析工件图样。
2. 能区分工序基准与定位基准。
3. 能根据工序图指出工序基准。
4. 能合理选择定位基准。

任务描述

如图 2-1 所示，钢套工件在本工序中需钻 $\phi 5mm$ 的孔，工件材料为 Q235A 钢，批量 $N =$ 2000 件，工件已经完成了内、外圆和端面的加工，现使用 Z512 钻床钻 $\phi 5mm$ 孔。试分析图样，并选择工件的定位基准。

任务分析

首先分析工件在夹具中如何定位，对工件图样进行分析，明确其工序基准，根据定位基准的选择原则，最终确定出定位基准。

相关知识

了解夹具的要求、设计步骤以及设计的前期准备工作。掌握基准的概念与种类，了解工件图样工序分析的内容，掌握定位基准的选择原则。

一、夹具的要求

（一）保证加工精度
夹具的定位与夹紧必须满足本工序的加工精度要求，这是对夹具的最基本要求。若夹具不能满足本工序的加工精度要求，则在生产中不允许使用。

（二）提高生产率
应用夹具后，应能快速完成工件装夹，明显缩短辅助工时，提高生产率。

（三）降低生产成本

降低成本，提高效率，是使用夹具的主要目的，特别是在批量生产加工中使用夹具可明显地降低生产成本。

（四）保证良好的工艺性

夹具的结构应便于加工、调整、装配、使用，具有良好的工艺性。

二、夹具设计的前期准备

一般来说，夹具设计分为前期准备、拟订结构方案、绘制夹具总图、绘制夹具零件图四个阶段。前期准备则可分为准备设计资料、进行实际调查、工件图样分析、确定定位基准四个阶段。

（一）准备设计资料

生产制造的原始资料：工件图样和工艺文件、生产纲领、夹具制造与使用的情况。除此之外，收集夹具设计的各类技术资料：技术标准、夹具的设计手册等。

（二）进行实际调查

了解车间的生产技术状况、生产规模及生产批量；了解库存夹具的通用配件和组合夹具的情况。

（三）工件图样分析

了解工件的工艺过程；明确本工序在整个加工工艺过程中的位置；了解本工序加工尺寸、精度、表面粗糙度等情况。

（四）确定定位基准

【例2-1】 图2-2所示为工件在铣床夹具上加工键槽的工序图，工件已完成外圆、端面及内孔加工，试分析此工件图样。

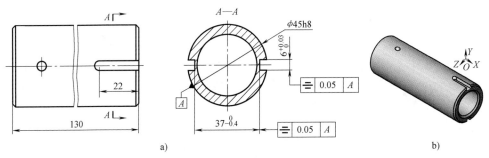

图2-2 工件在铣床夹具上加工键槽的工序图

a）工序尺寸 b）工件模型

解：（1）本工序在整个工艺过程中位置 在进入铣键槽前已完成了外圆、端面等表面的加工。

（2）本工序的质量要求

1）尺寸与精度。键槽底的尺寸 $37_{-0.4}^{0}$ mm；键槽的宽度尺寸 $6_{0}^{+0.03}$ mm。

2）几何精度。键槽两侧面及底面的对称度公差为0.05mm。

工厂提示

分析工件图样时，还要了解工件的材质、工件的热处理情况、工件加工所使用的刀具及切削用量等。

三、工件的定位

工件定位是指加工前，工件在夹具中"确定""正确"位置的过程。那么，在夹具中如何实现定位呢？工件在夹具中位置的确定是通过工件表面（定位基准面）与夹具中定位元件表面（限位基准面）的接触与配合来实现的。例如：铣削键槽夹具中工件与 V 形块接触，如图 2-3 所示。通过夹具中定位元件的合理选择与布置，就能确保一批依次放置在夹具中的工件相对夹具均占据同一个正确的位置。

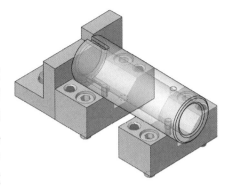

图 2-3 工件在夹具中位置确定

（一）基准

1. 基准概念

基准是用来确定工件上几何要素间的几何关系所依据的点、线、面。

2. 基准分类（图 2-4）

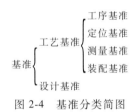

图 2-4 基准分类简图

工厂提示

在夹具的设计与应用中，主要涉及工序基准、定位基准两个重要的基准概念。

（1）设计基准　设计图样（零件图）上所采用的基准。

【例 2-2】 以图 2-5 为例，分析设计基准。

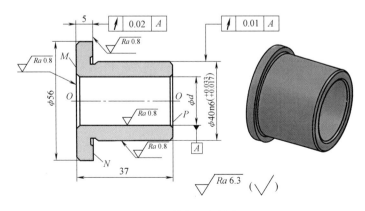

图 2-5 带肩固定钻套

解：长度基准：M 是端面 N 和端面 P 的设计基准。

外圆和内孔各表面的设计基准：轴线 O—O。

圆跳动的基准：内孔轴线 O—O。

（2）工序基准　工序图上用来确定加工面位置的基准。

工序基准的查找方法如下：首先找到加工面，确定加工面位置的尺寸就是工序尺寸，其一端指向加工面，另一端指向工序基准。如图 2-6 所示加工键槽，h、L、b 为三个方向的工序尺寸，三个方向上的中心线为工序基准。工序基准由工艺人员确定。

（3）定位基准　确定工件在夹具中位置的基准，即与夹具定位元件接触的工件上的点、线、面。

当接触的工件上的面为回转面、对称面时，称回转面、对称面为定位基准面，其回转面、对称面的中心线称为定位基准。定位基准由工艺人员确定，在工序图上用定位符号"∨"表示。定位、夹紧符号见附表 1。

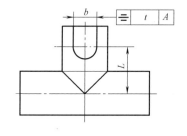

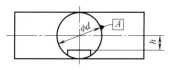

图 2-6　加工键槽的工序图

工厂提示

　　注意定位基准与定位基准面的区别。前者确定着工件在夹具中的位置，后者表明工件与定位元件接触或配合之处。

（二）定位基准的选择原则

工件的定位是通过工件上定位表面（或点或线）和定位元件相接触或配合而实现的。在选择基准时，首先应采用工艺人员指定的基准，同时也要考虑加工工序的要求、夹具结构的合理性、工件表面条件及定位误差等因素。从夹具设计角度，定位基准选择应符合以下原则。

1. 定位基准与工序基准尽量重合

尽量使工件的定位基准与工序基准重合，以消除基准不重合误差。

2. 优先使用已加工表面

尽量使用已加工表面作为定位基准，以减少定位误差，保证夹具有足够的定位精度。

3. 减少工件变形

应使工件安装稳定，在加工过程中应减少切削力或夹紧力引起的变形。

4. 结构合理，夹紧可靠

应使工件定位方便、夹紧可靠、便于操作，夹具结构简单。

◆ 任务实施

一、工件图样分析

（一）本工序所处的位置

（二）本工序的质量要求

1）尺寸与精度：_____

2）几何精度：_____

二、定位基准的确定

_____

_____

_____

_____

_____

_____

【思考与练习】

分析确定图2-7所示工件的工序基准。

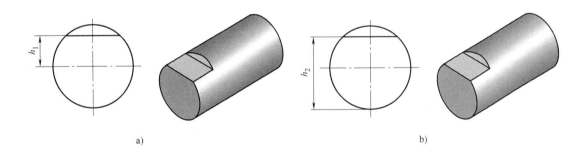

a)   b)

图2-7 工件加工工序简图

任务二 选择定位方式

任 务 目 标

1. 能应用六点定则分析工件自由度的消除情况。
2. 能综合分析工件定位应限制的自由度。
3. 能根据夹具装配简图分析工件的定位方式。
4. 能根据工件加工要求选择定位方式。

任务描述

根据任务一描述，现选择内孔与端面 *B* 为定位基准面，如图2-8所示，试分析加工中应限制的自由度，并说明夹具设计时可采用的定位方式。

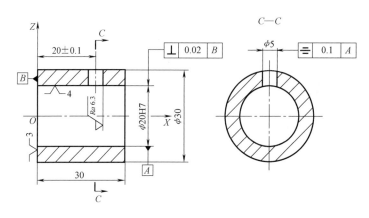

图 2-8　钢套工件钻 ϕ5mm 孔工序图

🔧 任务分析

　　分析加工工件时应限制的自由度和采用何种定位方式，将涉及物体在空间的自由度、六点定则、常见定位方式等相关知识。因此，需了解相关知识后，再针对孔加工工序图，说明其钻床夹具设计时应采用的工件定位方式。

🔧 相关知识

　　了解工件空间位置的自由度概念、六点定则原理，了解完全定位、不完全定位、欠定位、重复定位的含义，了解重复定位消除的方式等。

一、自由度

　　工件的自由度是指工件空间位置不确定性的数目。如图 2-9 所示，工件有六个自由度，表示为 $\vec{X}$、$\vec{Y}$、$\vec{Z}$、$\hat{X}$、$\hat{Y}$、$\hat{Z}$。

　　显然，工件位置具有的自由度越少，说明工件位置的确定性越好。当工件的六个自由度都消除，它的空间位置被完全确定下来时，这就具有了位置的唯一性。

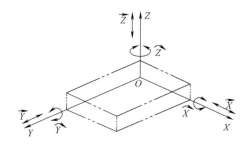

图 2-9　工件的六个自由度

> **工厂提示**
> 　　工件在夹具中的定位，就是根据加工要求，消除工件空间位置的不确定性。

二、六点定则的应用

　　一个未在夹具中定位的工件，其空间位置具有六个自由度，即沿三个坐标轴的移动自由度和绕三个坐标轴的转动自由度。要消除这些自由度，就必须对工件设置相应的约束。工件在夹具中的定位就是通过定位元件与工件表面的接触或配合来限制工件位置的移动和转动，使工件在夹具中占据正确的位置。

六点定则应用

定位元件与工件表面接触的是点、线、面。根据数学概念可知，两个点可确定一条直线，不共线的三个点可确定一个平面，因此可把定位元件与工件表面接触的线、面转化为点来分析。为了研究问题方便，当工件与定位元件接触线较短或接触面较小时，就当作一个支承点，如图 2-10 中的防转销 5 和止推销 6。当工件与固定不动的定位元件保持一点接触时，即限制工件沿此接触点法线方向的移动，能限制工件的一个移动或转动自由度。如图 2-10 所示，防转销 5 限制了工件的一个转动自由度，止推销 6 限制了工件的一个移动自由度。以此类推，当工件与定位元件保持两个点（或直线）接触时，能限制工件的两个自由度；当工件以平面与定位平面（或不共线三个点）接触时，能限制工件的三个自由度。

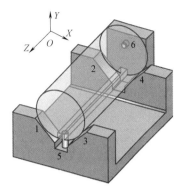

图 2-10　轴类工件

在工件的定位中，用在空间合理分布的六个定位点（由定位元件抽象而来）来限制工件，使其获得一个完全确定的位置，这种分析定位的方法称为六点定则。那么，这六个定位点应如何分布，才能使工件在夹具中的位置完全确定呢？下面通过典型的工件定位加以说明。

（一）箱体类工件

箱体具有规则的外形轮廓，并具有较大而稳定的安装平面。

如图 2-11 所示，用六个定位点的定位元件（六个支承钉）与工件表面接触，即可消除工件的六个自由度。

通过工件底面（XOY 面）与三个定位点的接触，消除 $\hat{X}$、$\hat{Y}$、$\vec{Z}$ 三个自由度，如图 2-12a 所示。通过工件的侧面（XOZ 面）与两个定位点接触，消除 $\vec{Y}$、$\hat{Z}$ 两个自由度，如图 2-12b 所示。通过工件端面（YOZ 面）与一个定位点接触，消除 $\vec{X}$ 自由度，如图 2-12c 所示。

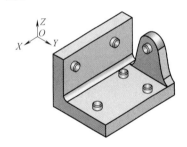

图 2-11　六点定位

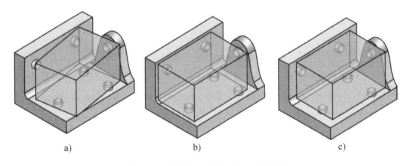

a)　　　　　　　　b)　　　　　　　　c)

图 2-12　平面六面体自由度消除

习惯上，把箱体类工件的底面（面积较大的平面）称为工件的主要定位基准面，又称为第一定位基准面；把箱体类工件的侧面（相对较长的平面）称为工件的导向定位基准面，又称为第二定位基准面；把箱体类工件的端面（相对较窄的平面）称为工件的止推定位基准面，又称为第三定位基准面。

　　对于箱体类工件定位，夹具上常设置三个不同方向上的定位基准来形成一个空间定位体系，这个体系称为三基面基准体系。

（二）盘类工件

　　对于带槽或带孔的盘类工件，六点定则的应用情况如图 2-13 所示。

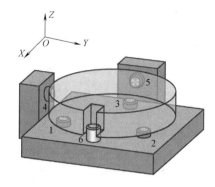

　　盘类工件的特点：径向尺寸较大，高度尺寸较小。考虑到安装的稳定及可靠性，通常以较大端面作为主要定位基准面，即第一定位基准面，故夹具上通常为工件的大端面设置一个环形的安装面（三点）作为主要定位基准。图 2-13 所示 1、2、3 三个支承点就起了这个作用，它们消除了 $\hat{X}$、$\hat{Y}$、$\vec{Z}$ 三个自由度。

图 2-13　盘类工件

　　通过支承点 4、5 与工件接触，分别消除了 $\vec{Y}$、$\vec{X}$ 两个移动自由度，支承点 4、5 形成了工件中的第二定位基准面。对于盘类工件，习惯上称为定心基准。

　　支承点 6 在定位时，保持与工件键槽的一个固定侧面接触，消除 $\hat{Z}$ 自由度。

（三）轴类工件

　　对于带槽（或带孔）的轴类工件，六点定则的应用情况如图 2-10 所示。

　　对于轴类工件定位，夹具一般用轴向尺寸较大的 V 形块的两个 V 形斜面与工件支承轴颈相接触，形成不共面的四个约束点，如图 2-10 所示 1、2、3、4 四个定位点，来保证工件公共轴线空间位置的正确性。定位点 1、2、3、4 形成了第一定位基准，它消除了 $\vec{X}$、$\vec{Y}$、$\hat{X}$、$\hat{Y}$ 四个自由度。第二、第三定位基准的顺序，依工序要求及定位精度而确定。当加工工序对对称度、位置度有较严格的要求时，

防转基准 5 成为第二基准，限制 $\hat{Z}$ 自由度，而止推基准销 6 成为第三基准，限制 $\vec{Z}$ 自由度。当加工工序对轴向尺寸有较严格的公差要求时，止推基准销 6 成为第二基准，防转基准 5 成为第三基准。

　　"定位"通常在工件被夹紧之前完成，一旦工件的定位基准面离开了定位元件，就不能称其为"定位"。为保证工件的位置在加工过程中始终不变，需要依靠"夹紧"。

三、常见的定位方式

　　夹具的功能之一就是要确保工件在夹具中占据一个正确的位置，即消除工件位置的不确定性。根据六点定则，通过夹具中合理布置的六个定位点，就能使工件的位置确定下来。那么，工件在夹具中定位，是否在任何情况下都必须消除工件的六个自由度呢？一般来说，只要相应地消除那些对于本工序加工精度有影响的自由度即可。

常用定位方式

（一）完全定位

完全定位是指工件的六个自由度全部被限制的定位。如图 2-14a 所示，当工件的工序内容在 X、Y、Z 三个坐标轴方向上均有尺寸或几何精度要求时，需要在加工工位上对工件进行完全定位。

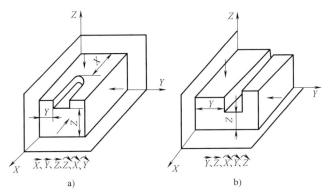

图 2-14 完全定位与不完全定位

a）完全定位 b）不完全定位

（二）不完全定位

不完全定位是指工件的部分自由度被限制的定位。如图 2-14b 所示，平行六面体铣削通槽，$\vec{X}$ 自由度无须消除。

其实，之所以允许采用不完全定位，一方面是因为某些自由度的存在不影响加工的要求，采用不完全定位可简化夹具的定位装置；另一方面，某些自由度不便消除，也无法消除。例如：如图 2-15 所示，工件在装入夹具中定位钻削孔时，只要使孔中心在以 R 为半径的圆周上即可，而不

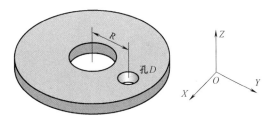

图 2-15 不完全定位

要求在圆周上的哪一个具体位置。因此，不需要消除工件绕 Z 轴转动的自由度。

可见，工件定位采用完全定位或不完全定位，主要取决于工件加工要求。

（三）欠定位

欠定位是指工件应该限制的自由度没有完全被限制的定位。在欠定位的情况下，必然无法保证工序加工质量要求。以图 2-16a 所示工件为例，若单纯以底面 M 定位，而侧面 N 不

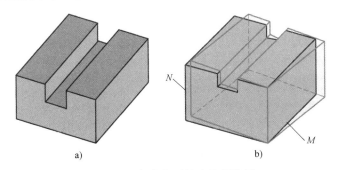

图 2-16 欠定位时铣出的槽偏斜

作为导向定位面，则这时工件在机床上的位置可能偏成如图 2-16b 所示的样子，按这种定位方式铣出来的槽，显然无法满足加工要求。

> **工厂提示**
> 欠定位不能保证定位精度要求，在确定工件定位方案时，不允许欠定位这种原则性错误发生。

（四）过定位（重复定位）

过定位（重复定位）是指工件定位时，几个定位元件重复限制工件同一个自由度的定位。如图 2-17 所示瓦盖定位简图，V 形块可消除工件 $\vec{Y}$、$\hat{Y}$、$\vec{Z}$、$\hat{Z}$ 四个自由度，支承钉可消除工件的 $\vec{Z}$、$\hat{X}$ 两个自由度。显然 $\vec{Z}$ 是重复消除，这种情况就属于过定位。由于定位基准面尺寸 R 和 H 存在误差，将工件装入夹具后，自由度 $\vec{Z}$ 有时由 V 形块消除，有时由支承钉 A、B 消除。这样就造成了定位的不稳定性，使工件在夹具中不能占据正确的位置。

但在机械加工中，也常采用过定位的方式定位。如图 2-18 所示，位于同一平面内的四个定位支承钉限制了三个自由度，是否允许，应视具体情况而定。若工件定位平面的平面度较高，定位能保证一批工件定位位置一致，允许存在（称为形式过定位），否则，一个工件与这三个支承钉接触，另一个工件与另外三个支承钉接触，造成一批工件定位位置不一致，这种情况就不允许存在（称为实质过定位）。

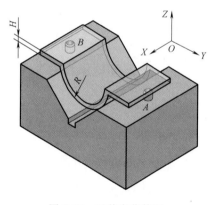

图 2-17　瓦盖定位简图

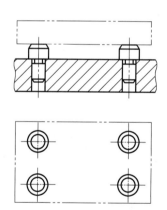

图 2-18　平面过定位

【例 2-3】　铣图 2-19 所示工件上的通槽，保证槽宽和槽的上下、左右位置要求，试分析理论上应限制的自由度，并说明宜采用的定位方式。

解：保证槽的上下位置要求：必须限制 $\vec{Z}$、$\hat{X}$、$\hat{Y}$。

保证槽的左右位置要求：必须限制 $\vec{X}$、$\hat{Y}$、$\hat{Z}$。

槽宽由定尺寸刀具保证。

综合要求：必须限制 $\vec{X}$、$\vec{Z}$、$\hat{X}$、$\hat{Y}$、$\hat{Z}$ 五个自由度，可采用不完全定位方式。

【例 2-4】　如图 2-14a 所示平面铣槽保证槽在三个方向上的位置要求，试分析理论上应限制的自由度，并

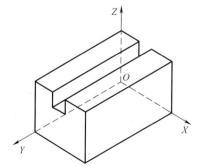

图 2-19　铣通槽加工示意图

说明采用的定位方式。

解：保证槽的上下位置要求：必须限制：$\vec{Z}$、$\hat{X}$、$\hat{Y}$。

保证槽的左右位置要求：必须限制：$\vec{X}$、$\hat{Y}$、$\hat{Z}$。

保证槽的前后位置要求：必须限制：$\vec{Y}$。

综合要求：必须限制 $\vec{X}$、$\vec{Y}$、$\vec{Z}$、$\hat{X}$、$\hat{Y}$、$\hat{Z}$ 六个自由度，应采用完全定位方式。

【例 2-5】 在如图 2-20 所示的工件上钻小孔，试分析理论上应限制的自由度，并说明可采用的定位方式。

解：小孔为通孔，工件 $\vec{X}$ 不需限制。

工件相对 X 轴对称，工件 $\hat{X}$ 不需限制。

综合要求：必须限制 $\vec{Y}$、$\vec{Z}$、$\hat{Y}$、$\hat{Z}$ 四个自由度，可采用不完全定位方式。

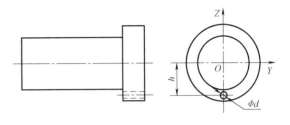

图 2-20 钻 ϕd 孔

🔄 任务实施

根据本工序的加工要求，选择工件的轴线以及左侧端面为定位基准。

1）孔的大小由＿＿＿＿＿＿＿＿＿＿来保证。

2）保证小孔圆心到端面的距离，理论上应限制自由度＿＿＿＿＿＿＿＿＿＿。

3）保证小孔相对圆孔轴心对称度要求，理论上应限制自由度＿＿＿＿＿＿＿＿＿＿。

综合要求：必须限制自由度＿＿＿＿＿＿＿＿＿＿，可采用＿＿＿＿＿＿＿＿＿＿定位方式。

🔄 知识拓展

常用加工面须限制的自由度，见表 2-1。

表 2-1 常用加工面须限制的自由度

工序简图	加工面	须限制的自由度
	槽	$\hat{X}$、$\hat{Y}$、$\vec{Y}$、$\hat{Z}$、$\vec{Z}$
	键槽	$\vec{X}$、$\hat{Y}$、$\vec{Y}$、$\hat{Z}$、$\vec{Z}$

（续）

工序简图	加工面	须限制的自由度
	通孔	$\widehat{X}$、$\vec{X}$、$\widehat{Y}$、$\vec{Y}$、$\vec{Z}$
	不通孔	$\widehat{X}$、$\vec{X}$、$\widehat{Y}$、$\vec{Y}$、$\widehat{Z}$、$\vec{Z}$
	通孔	$\vec{X}$、$\vec{Y}$、$\widehat{Y}$、$\widehat{Z}$
	不通孔	$\vec{X}$、$\vec{Y}$、$\vec{Z}$、$\widehat{Y}$、$\widehat{Z}$

【思考与练习】

如图 2-21 所示：图 a 钻两个小孔，图 b 钻一个小孔，比较两者有何不同？试分析各自理论上应限制的自由度。

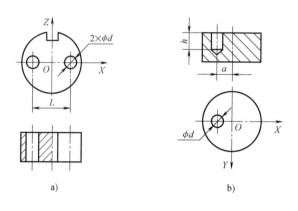

a)　　　　　　　　　　b)

图 2-21　钻孔加工工序图

定位元件选择

任务三　选择定位元件

任 务 目 标

1. 能根据定位基准面选择定位元件。
2. 能根据定位方案分析各定位元件所限制的自由度。
3. 能分析组合定位方案的合理性。

任务描述

根据本项目任务二描述及图 2-8 所示钢套工件钻 $\phi 5mm$ 孔工序图，试选择定位元件，并分析各定位元件所限制的自由度。

任务分析

分析支承座定位方案中各定位元件所限制的自由度，首先应了解典型表面常用的各类定位元件，然后了解单个定位元件对工件所能限制的自由度，最后了解在组合定位方案中各定位元件所限制的自由度。

相关知识

定位元件是与工件定位基准面接触的元件，用来确定工件在夹具中的位置。基准一旦选定，定位基准的表面形式成为选用定位元件的主要依据。工件上被选为定位基准的表面形式包括平面、圆柱面、圆锥面等。常用定位元件有支承钉、支承板、定位销、心轴、V 形块等，如图 2-22 所示。

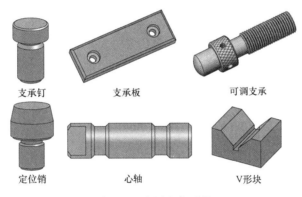

图 2-22 常用定位元件

一、定位元件要求

定位元件与工件定位基准面直接接触，因此，对定位元件提出了以下要求。

（一）高精度

定位元件精度直接影响工件定位误差的大小。定位元件精度高于工件加工精度。

（二）高耐磨性

定位元件与工件接触，易磨损。为避免磨损而降低定位精度，要求定位元件表面耐磨。定位元件材料一般采用 20 钢，进行表面渗碳、淬火处理，也可采用 T7A 和 T8A 工具钢、45 中碳钢，进行淬火处理。

（三）足够的刚度和强度

为避免在重力、夹紧力、切削力作用下定位元件变形、损坏，要求定位元件具有足够的刚度和强度。

（四）良好的工艺性

定位元件结构要便于制造、装配、更换，其工作表面的形状要易于清除铁屑，防止损伤定位基准表面。

常用定位元件材料及热处理要求见附表 15。

> **工厂提示**
> 一般来讲，最基本的要求是定位元件能长期保持尺寸精度和几何精度。

二、工件以平面定位

工件以平面定位，需要三个互成一定角度的支承平面作为定位基准面。一般采用适当分布的支承钉与支承板。工件以平面定位，所用的定位元件一般称为支承件。支承件分为基本支承与辅助支承。

（一）基本支承

基本支承是用作消除工件定位自由度、具有独立定位作用的支承，其中包括支承钉、支承板、自位支承、可调支承。

1. 支承钉

支承钉是基本定位元件，可以用它直接体现支承点，在实际生产中被广泛应用。如图 2-23 所示，A 型支承钉为平头支承钉，适用于已加工平面定位；B 型支承钉为球头支承钉，适用于工件毛坯表面定位；C 型支承钉为齿形头支承钉，常用于侧面定位。支承钉结构尺寸已标准化，其推荐标准代号为 JB/T 8029.2—1999，具体见附表 2。

图 2-23　支承钉

2. 支承板

支承板用于支承工件上面积较大、跨度较大的大型精加工平面，常被用作第一定位基准面。如图 2-24 所示，A 型为平面型支承板，多用于工件侧面、顶面及不易存屑方向上定位；B 型为带屑槽式支承板，结构利于清屑。支承板结构尺寸已标准化，其推荐标准代号为 JB/T 8029.1—1999，具体见附表 3。

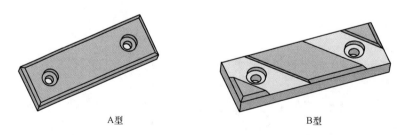

图 2-24　支承板

3. 自位支承

自位支承是指能够根据工件实际表面情况，自动调整支承方向和接触面积的浮动支承。自位支承部位只能提供一个点的约束，通常消除一个自由度。自位支承如图 2-25 所示，球面副浮动结构适用于承受大载荷；球面锥座式浮动结构多用于轻载情况下高精度定位；摆动杠杆式浮动结构只适用一个方向的转动浮动。

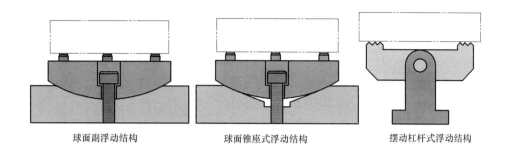

| 球面副浮动结构 | 球面锥座式浮动结构 | 摆动杠杆式浮动结构 |

图 2-25 自位支承

工厂提示

自位支承部位只能提供一个点的约束，即它只在该部位消除一个移动自由度。因此，自位支承不管它与工件实际保持几点接触，都只能看成是一个定位点。

4. 可调支承

可调支承是支承高度可以调整的定位支承，为满足可调支承的工作要求，其结构应具备三个基本功能：支承、调整、锁定。图 2-26 所示为可调支承，六角头支承适用于支承工件空间较大的情况；调节支承适用于支承工件空间比较紧凑的情况；圆柱头调节支承具有手动快速调节功能；顶压支承适用于重载。可调支承可以限制工件的自由度。可调支承结构尺寸已标准化，六角头支承（JB/T 8026.1—1999）具体结构尺寸见附表 4，圆柱头调节支承（JB/T 8026.3—1999）具体结构尺寸见附表 5。

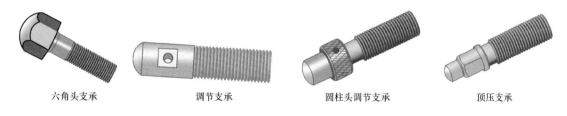

| 六角头支承 | 调节支承 | 圆柱头调节支承 | 顶压支承 |

图 2-26 可调支承

（二）辅助支承

为提高工件的安装刚性及稳定性，防止工件的切削振动及变形，或者为工件预定位而设置的非正式定位支承称为辅助支承。辅助支承不起定位作用，即不消除工件的自由度。图 2-27 所示为辅助支承。

三、工件以内圆柱面定位

在生产中，套筒类、端盖类工件常以其上的孔表面作为主要定位基准面。常用定位元件

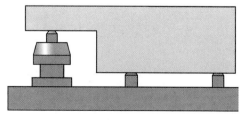

图 2-27 辅助支承

主要有定位销、定位心轴、锥销及各类自动定心机构。

（一）定位销

按照安装的方式不同，定位销可分为固定式定位销（JB/T 8014.2—1999）和可换定位销（JB/T 8014.3—1999）两种，如图 2-28 和图 2-29 所示。按消除自由度不同，定位销又可分为圆柱销和削边销。图 2-28 所示 A 型为圆柱定位销，消除两个自由度；B 型为削边定位销，消除一个自由度。固定式定位销（JB/T 8014.2—1999）具体结构尺寸见附表 6，可换定位销（JB/T 8014.3—1999）具体结构尺寸见附表 7。

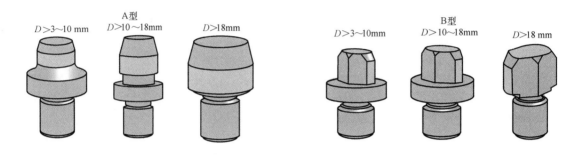

图 2-28 固定式定位销

（二）定位心轴

定位心轴常用来对内孔尺寸较大的套筒类、盘类工件进行定位。定位心轴主要有间隙配合心轴、过盈配合心轴、小锥度配合心轴三种。

间隙配合心轴如图 2-30 所示。这种心轴装卸方便，但定位精度不高。为了减少因配合间隙而造成工件的倾斜，工件常以孔和端面联合定位。间隙配合心轴可消除五个自由度，即心轴部分消除四个自由度，轴肩部分消除一个自由度。

过盈配合心轴如图 2-31 所示。心轴依靠工件与心轴的过盈量产生的摩擦力传递转矩。这种心轴制造简单，定心准确，不用另设夹紧装置，但装卸工件不便，容易损伤工件定位面，多用于精度要求较高的精加工。过盈配合心轴可消除四个自由度。

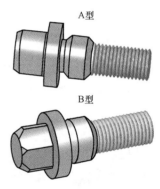

图 2-29 可换定位销

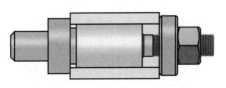

图 2-30 间隙配合心轴

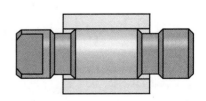

图 2-31 过盈配合心轴

小锥度配合心轴如图 2-32 所示。为防止工件心轴倾斜，小锥度配合心轴的锥度 C 较小，一般为 1：500~1：1000。装夹工件时，通过工件内孔和心轴表面的接触表面产生的弹性变形夹紧工件，可获得较高的精度。小锥度配合心轴可消除五个自由度。

（三）锥销

锥销有顶尖和圆锥销两类。

顶尖如图 2-33 所示。各类不同类型的普通顶尖及内拨顶尖广泛地应用于车床、磨床、铣床等机床中，完成对孔的定位。固定定位顶尖中不产生轴向移动，消除三个移动自由度。活动定位顶尖可产生轴向移动，消除两个自由度。内拨顶尖（JB/T 10117.1—1999）具体结构尺寸见附表 8。

圆锥销如图 2-34 所示，用于工件圆柱孔的定位有两种，一种是粗基准定位，另一种是精基准定位。

适用于工件孔径8～50mm

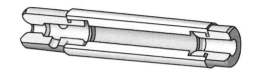

适用于工件孔径52～100mm

图 2-32　小锥度配合心轴

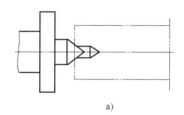

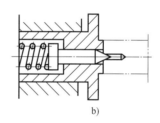

a)　　　　　　　　　　　　b)

图 2-33　顶尖

a）固定顶尖　b）回转顶尖

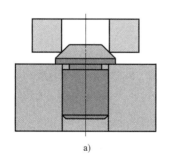

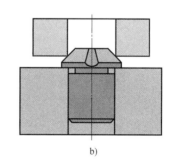

a)　　　　　　　　　　　　b)

图 2-34　圆锥销

a）精基准定位　b）粗基准定位

（四）自动定位心轴

自动定位心轴是在对工件实施夹紧的过程中，利用等量弹性变形或斜面、杠杆等结构原理，对工件的回转表面实施自动定心定位的心轴。图 2-35 所示为自动定位心轴。工件夹紧时，拧紧螺母，螺杆在螺纹作用下使右楔紧圆锥和左楔紧圆锥产生轴向相对移动，从而推动前楔块组和后楔块组的六块楔块，沿径向同步挤向工件，直至所有楔块均挤紧工件为止，完成对工件内孔前后端的自动定心及夹紧工作。

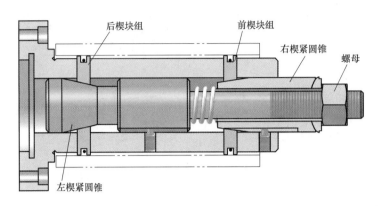

图 2-35 自动定位心轴

四、工件以外圆柱面定位

加工轴类工件时，常以外圆柱面作为定位基准面。根据外圆柱面的完整程度、加工方式和安装要求，可选用 V 形块、圆柱孔等定位元件。

（一） V 形块

当工件以外圆柱面定位时，V 形块是应用最多的定位元件。V 形块定位的特点是定位稳定可靠、对中性好、适应性好。常用的 V 形块结构如图 2-36 所示。图 2-36a 所示形式多用于较短的精基准定位，可消除两个自由度；图 2-36b 所示为间断式结构，用于基准面较长且经过加工的基准面，多用于较短的精基准定位，可消除四个自由度；图 2-36c 所示为可移组合式 V 形块，适用于两端基准面分布较远时；图 2-36d 所示为斜面镶装淬硬钢片型，用于直径与长度均较大的工件基准面；图 2-36e 所示为刀形 V 形块，用于粗基准定位或阶梯形圆柱面定位。V 形块两工作面的夹角一般分为 60°、90°、120° 三种，其中 90° V 形块最为常用。V 形块结构及规格均以标准化。V 形块 （JB/T 8018.1—1999） 具体结构尺寸见附表 9。

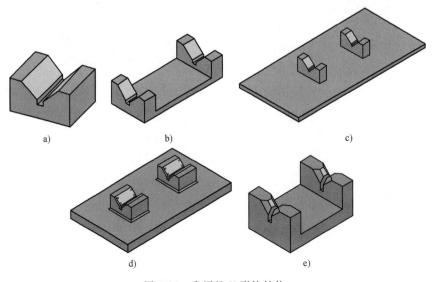

图 2-36 常用的 V 形块结构

　　V 形块还可做成活动定位结构。如图 2-37 所示 V 形块，左边为固定 V 形块，对工件提供两个约束点，右边为活动 V 形块，它除了可提供一个定位点，起到防转作用外，还兼夹紧元件，具有定心夹紧作用。

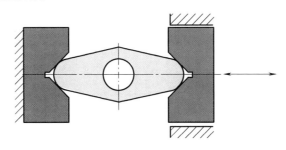

图 2-37　活动 V 形块

（二）圆柱孔

用圆柱孔作为定位元件时，通常采用定位套形式进行精基准定位，如图 2-38 所示。

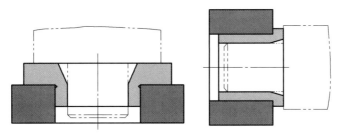

图 2-38　圆柱孔

基本定位体作用

五、常用定位元件限制的工件自由度（表 2-2）

表 2-2　常用定位元件限制的工件自由度

定位基准	定位简图	定位元件	限制的自由度
大平面	 	支承钉	$\vec{Z}$、$\widehat{X}$、$\widehat{Y}$
		支承板	$\vec{Z}$、$\widehat{X}$、$\widehat{Y}$

（续）

定位基准	定位简图	定位元件	限制的自由度
长圆柱面		固定式 V 形块	$\vec{X}$、$\vec{Z}$、$\hat{X}$、$\hat{Z}$
		固定式长套	
		心轴	$\vec{X}$、$\vec{Z}$、$\hat{X}$、$\hat{Z}$
		自定心卡盘	
长圆锥面		圆锥心轴（定心）	$\vec{X}$、$\vec{Y}$、$\vec{Z}$、$\hat{X}$、$\hat{Z}$
两中心孔		固定顶尖	$\vec{X}$、$\vec{Y}$、$\vec{Z}$
		回转顶尖	$\hat{Y}$、$\hat{Z}$

（续）

定位基准	定位简图	定位元件	限制的自由度
短外圆与中心孔		自定心卡盘	$\vec{Y}$、$\vec{Z}$
		回转顶尖	$\widehat{Y}$、$\widehat{Z}$
大平面与两外圆弧面		支承板	$\vec{Y}$、$\widehat{X}$、$\widehat{Z}$
		短固定式 V 形块	$\vec{X}$、$\vec{Z}$
		短活动式 V 形块（防转）	$\widehat{Y}$
大平面与两圆柱孔		支承板	$\vec{Y}$、$\widehat{X}$、$\widehat{Z}$
		短圆柱定位销	$\vec{X}$、$\vec{Z}$
		短菱形销（防转）	$\widehat{Y}$
长圆柱孔与其他		固定式心轴	$\vec{X}$、$\vec{Z}$、$\widehat{X}$、$\widehat{Z}$
		挡销（防转）	$\widehat{Y}$
大平面与短锥孔		支承板	$\vec{Z}$、$\widehat{X}$、$\widehat{Y}$
		活动锥销	$\vec{X}$、$\vec{Y}$

六、工件以组合表面定位

在生产实际中，工件是各种几何体组合而成的，大多数情况下，不能用单一表面的定位方式来定位。通常以工件的两个或两个以上表面作为定位基准面进行定位。典型的组合定位方式有三个平面组合、一个平面和一个圆柱孔组合、一个平面和一个外圆柱面组合等，见表2-3。

组合定位的应用

表2-3　几种常见的组合定位

定　位	图　例	说　明
三个平 面组合		长方体工件若要实现完全定位，需三个成直角的平面作为定位基准面，定位支承按图例所示的规则布置，称为三基面六点定位
一个平面和一个 圆柱孔组合		盘类工件常以孔中心线为定位基准，与一个端面组合定位，其能消除五个自由度
一个平面和一个 外圆柱面组合		工件以外圆柱面中心线为定位基准，与平面组合定位。V形块定位接触较短时，需以平面作为第一基准面
一个平面和两个 圆柱孔组合		箱体类工件常用的定位方式

【例2-6】　分析图2-39所示各定位元件所限制的自由度。

支承环：_____　　　活动球面：_____

解：根据单个定位元件所能限制的自由度原理分析得：

1）支承环。在这里起到了支承平面的作用，提供三个定位点，分别限制工件的 $\hat{X}$、$\hat{Y}$、$\vec{Z}$ 三个自由度。

2）活动球面。在这里工件的定位基准面为圆锥孔，活动球面在本例中所起的定位作用相当于我们所熟悉的基本定位元件中的回转顶尖，其限制了 $\vec{X}$、$\vec{Y}$ 两个自由度。

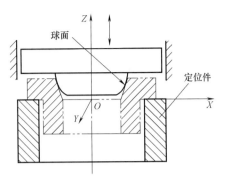

图 2-39　工件定位方案简图

【例 2-7】　如图 2-40 所示，本工序需在杠杆小头钻 $\phi 10\text{mm}$ 的孔，应满足如下加工要求：$\phi 10\text{mm}$ 孔与 $\phi 30\text{H7}$ 孔的中心距为 60mm；工件材料为 HT200；批量为 $N = 500$ 件。根据工序图，试选择定位方式与定位元件。

解：根据该工件工序图，工件上除了 $\phi 10\text{mm}$ 加工孔未加工外，其他表面均已加工好，为定位方案设计提供了条件。因为要两轴线距离为 60mm，需消除 $\vec{X}$、$\vec{Y}$ 自由度；要保证 $\phi 10\text{mm}$ 孔与 $\phi 30\text{H7}$ 孔端面的垂直度（按未注公差要求），需消除工件的 $\hat{X}$、$\hat{Y}$ 自由度；要保证孔的壁厚均匀，要消除工件的 $\vec{Y}$、$\hat{Z}$ 自由度。工件上加工的孔为通孔，沿 Z 向移动的自由度理论上不需消除，但实际上以工件 $\phi 30\text{H7}$ 孔端面定位时，必定消除该方向的自由度，故采用完全定位。

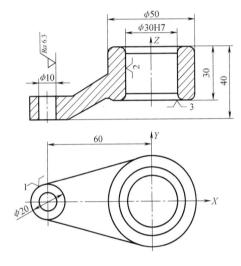

图 2-40　杠杆小孔钻削工序图

根据基准重合定位原则，针对 $\phi 30\text{H7}$ 内孔与端面采用间隙配合心轴定位（带轴肩心轴），消除五个自由度，即 $\vec{X}$、$\vec{Y}$、$\hat{X}$、$\hat{Y}$、$\vec{Z}$ 自由度；针对 $\phi 20\text{mm}$ 外圆柱面，采用活动 V 形块，消除 $\hat{Z}$ 自由度。

⚙ 任务实施

一、采用的定位方式

_____

_____

_____

_____

二、选择的定位元件

_____

三、各定位元件所限制的自由度

 知识拓展

组合定位中各定位元件限制自由度分析

组合定位：工件以两个及两个以上定位基准进行的定位，称为组合定位。

一、判断准则

1）定位元件单个定位时，限制转动自由度的作用在组合定位中不变。

2）在组合定位中，各定位元件单个定位时限制的移动自由度相互间若无重复，则在组合定位中该元件限制该移动自由度的作用不变；若有重复，其限制自由度的作用要重新分析判断。

二、限制自由度的作用重新分析判断方法

在重复限制移动自由度的元件中，按各元件实际参与定位的先后顺序，分首参和次参定位元件，若实际分不出，可假设如下。

1）首参定位元件限制移动自由度的作用不变。

2）让次参定位元件相对首参定位元件在重复限制移动自由度的方向上移动，引起工件的动向就是次参定位元件限制的自由度。切记各定位元件限制自由度的数目不会发生变化。

任务四　定位误差的分析与计算

任务目标

1. 能描述定位误差的产生与组成。

2. 能分析计算基准不重合误差。

3. 能分析计算基准位移误差。

4. 能分析计算定位误差，培养学生精益求精的工匠精神。

5. 能判断定位方案是否满足加工要求。

任务描述

根据本项目任务三描述，如图 2-41 所示，钢套钻孔采用心轴定位，试计算加工尺寸

20mm±0.1mm 和对称度 0.1mm 的定位误差，并判断定位方案是否满足加工要求。

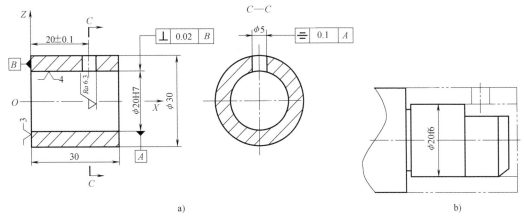

图 2-41　钢套钻孔工序图与定位简图
a）工序图　b）定位简图

任务分析

该任务中工序尺寸定位误差的计算涉及基准不重合误差和基准位移误差，涉及基准不重合误差和基准位移误差的合成，是一道定位误差分析计算的综合题。

相关知识

定位包含了"确定"和"正确"问题，定位的基本原理解决了"确定"问题，而如何解决"正确"问题，就是定位误差研究的主要问题。

一、定位误差及产生原因

使用夹具加工工件时，往往采用调整法。刀具的位置主要根据工件在夹具中的定位基准来调整，夹具相对于刀具的位置一经调定就不再变动。如图 2-42 所示，在夹具中定位铣削

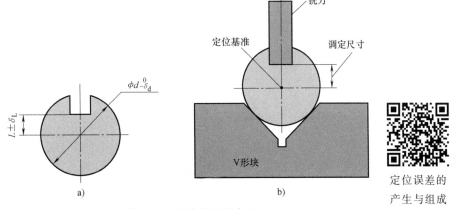

图 2-42　定位误差的产生

定位误差的
产生与组成

键槽，加工前，刀具的位置根据工件的定位基准（轴心线）调整好，并保持不变。加工时，逐个定位一批加工工件，完成键槽的加工。

由于制造误差的存在，一批工件圆柱面（定位基准面）直径尺寸在公差范围内发生变化，如图 2-42 所示的直径在 $\phi d \sim \phi(d-\delta_d)$ 间发生变化。正是由于工件的定位基准面存在误差，使工序基准（轴心线）在加工方向上发生位置移动，从而引起本工序加工面对其工序基准的位置误差，这个误差就是定位误差。所以，定位误差是指一批工件定位时，被加工表面的工序基准在沿工序尺寸方向上的最大变动范围，通常以 Δ_{dw} 表示。

除了定位基准面的制造误差外，定位元件的制造误差、定位元件与定位基准的配合间隙也是定位误差的产生原因。

工厂提示

定位误差问题只产生在按调整法加工工件的过程中，如果按试切法逐件加工，则不存在该问题。

二、定位误差组成与计算

定位误差 Δ_{dw} 由基准不重合误差 Δ_{jb} 和基准位移误差 Δ_{db} 两部分组成。

（一）基准不重合误差

采用夹具定位时，如果工件的定位基准与工序基准不重合，则形成基准不重合误差。基准不重合误差用 Δ_{jb} 表示。两个基准之间的距离称为定位尺寸。Δ_{jb} 值大小等于定位尺寸公差值在加工尺寸（工序尺寸）方向上的投影。现以图 2-43 加以说明。从图 2-43 中不难看出，本工序的工序基准为下素线，此定位方案工件的定位基准为轴线。显然，定位基准与工序基准不

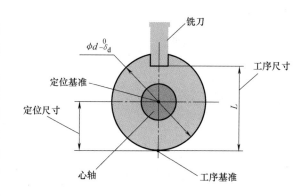

图 2-43 基准不重合情况

重合。该定位方案存在基准不重合误差 Δ_{jb}，其值为定位尺寸公差值，即 $\Delta_{jb} = \delta_b/2 = \delta_s$。

下面分几种情况，介绍基准不重合误差 Δ_{jb} 的计算方法。

1）当工序基准的变动方向与加工尺寸方向一致时，则基准不重合误差等于定位尺寸的公差值，即

$$\Delta_{jb} = \delta_s \tag{2-1}$$

2）当工序基准的变动方向与加工尺寸的方向存在着夹角 α 时，则基准不重合误差等于定位尺寸公差值在加工尺寸方向上的投影，即

$$\Delta_{jb} = \delta_s \cos\alpha \tag{2-2}$$

3）当定位尺寸由一组尺寸组成时，则定位尺寸公差值可按尺寸链原理求出，定位尺寸公差值等于这一尺寸链中所有组成尺寸公差值之和，即

$$\Delta_{jb} = \sum_{i=1}^{n} \delta_s \cos\alpha \tag{2-3}$$

【例 2-8】 如图 2-44 所示定位方案，加工 B 面，试计算加工尺寸 A 的基准不重合误差。

解：1）分析基准。

定位基准：底面。

工序基准：顶面。

定位尺寸：$60_{-0.5}^{0}$mm。

2）计算基准不重合误差。

$\Delta_{jb} = 0.5$mm

【例 2-9】 定位方案如图 2-45 所示，已知 $A = 21$mm ± 0.1mm，$B = 35$mm ± 0.05mm，现加工斜面，试求加工尺寸 A 的基准不重合误差。

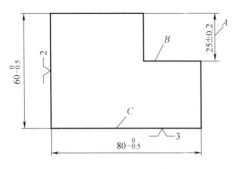

图 2-44 工件定位方案 1

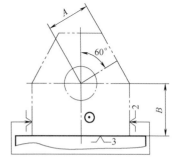

图 2-45 工件定位方案 2

解：1）分析基准。

定位基准：底面。

工序基准：圆孔轴线。

定位尺寸：35mm ± 0.05mm。

2）计算基准不重合误差。由于工序基准的变动方向与加工尺寸的方向存在着夹角，则

$$\Delta_{jb} = \delta_B \cos 60° = 0.1 \times 0.5 \text{mm} = 0.05 \text{mm}$$

【例 2-10】 如图 2-46 所示，工件以 A 面加工定位孔，试求加工定位孔产生的基准不重合误差。

解：1）分析基准。

工序基准：C 面。

定位基准：A 面。

定位尺寸：L。

2）基准不重合误差 Δ_{jb}。定位尺寸 L 公差值等于这一尺寸链中所有组成尺寸公差值之和，则

$$\Delta_{jb} = \sum_{i=1}^{n} \delta_s \cos \alpha = (0.01 \text{mm} + 0.04 \text{mm}) \cos 0° = 0.05 \text{mm}$$

（二）基准位移误差

基准位移误差 Δ_{db} 是因定位副不准确，用调整法加工一批工件时，引起定位基准在加工尺寸方向上相对产生的最大变化量。

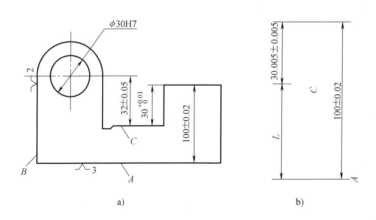

图 2-46　工件定位方案 3

如图 2-47a 所示，在圆柱面上铣键槽，加工尺寸 A 和 B。图 2-47b 所示为加工示意图，工件以内孔（直径为 D）在圆柱心轴（直径为 d）上定位，O 是心轴轴心。

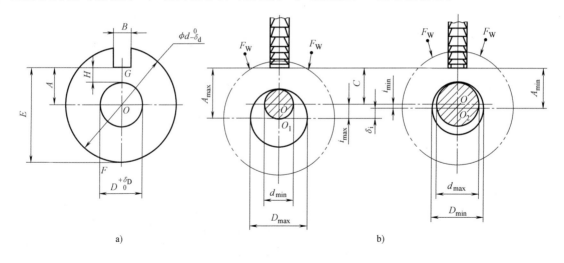

图 2-47　基准位移误差

a）圆柱面铣键槽工序简图　b）加工示意图

尺寸 A 的工序基准是内孔轴线，定位基准也是内孔轴线，此时 $\Delta_{jb}=0$，但由于工件内孔表面与心轴有制造误差和配合间隙，在夹紧力的作用下，内孔轴线相对于心轴轴线单向下移了一个距离，从而造成了尺寸 A 的误差，这个误差就是基准位移误差。基准位移误差的大小等于加工尺寸方向的变动范围。

由图 2-47b 可知，当工件孔的直径为 D_{max}、定位心轴的直径为 d_{min} 时，定位基准的位移量 i 为最大（即 i_{max} 为 OO_1 的长度），加工尺寸 A 也最大（即 A_{max}）；当工件孔的直径为 D_{min}、定位心轴的直径为 d_{max} 时，定位基准的位移量 i 为最小（即 i_{min} 为 OO_2 的长度），加工尺寸 A 也最小（即 A_{min}），因此，基准位移误差为

$$\Delta_{db}=A_{max}-A_{min}=i_{max}-i_{min}=\delta_i \tag{2-4}$$

式中 δ_i——一批工件定位基准的变动范围。

因此，可以得出以下的结论。

当定位基准的变动方向与加工尺寸的方向一致时，基准位移误差等于定位基准的变动范围，即

$$\Delta_{db} = \delta_i \tag{2-5}$$

当定位基准的变动方向与加工尺寸的方向不一致，两者之间成夹角 α 时，基准位移误差等于定位基准的变动范围在加工尺寸方向上的投影，即

$$\Delta_{db} = \delta_i \cos\alpha \tag{2-6}$$

下面介绍几种常见基准位移误差计算方法。

1. 工件利用平面定位

一般情况下，用已加工的平面作为定位基准面时，因表面不平整所引起的基准位移误差较小，在分析计算时，可以忽略不计，即 $\Delta_{db} = 0$。

2. 工件利用 V 形块定位

如图 2-48 所示，以外圆柱面在 V 形块上定位，加工尺寸 H_1、H_2、H_3 基准位移误差 Δ_{db} 为定位基准在加工尺寸方向变动范围，即

$$\Delta_{db} = \frac{\delta_d}{2\sin\dfrac{\alpha}{2}} \tag{2-7}$$

式中 δ_d——工件定位基准的直径公差（mm）；

$\dfrac{\alpha}{2}$——V 形块的半角（°）。

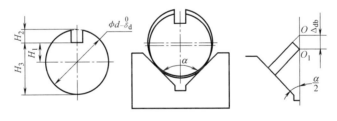

图 2-48 基准位移误差分析简图

当工件外圆直径公差为一定时，基准位移误差随 V 形块的工作角度增大而减少。当 $\alpha = 180°$ 时，Δ_{db} 为最小，这时 V 形块两工作面展平为水平面，失去对中性，这种情况误差分析按支承定位分析。

3. 工件利用圆柱销或心轴定位

工件利用圆柱销或心轴定位时，其定位基准为孔和中心线，定位的基准面为内孔表面。如图 2-49 所示，当工件内孔与圆柱销或心轴过盈配合时，不存在间隙，则基准位移误差 $\Delta_{db} = 0$。当工件内孔与圆柱销或心轴间隙配合时，由于间隙存在，会使工件内孔中心线（定位

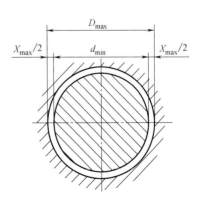

图 2-49 圆柱孔与圆柱销或心轴配合

基准）的位置发生偏移。定位基准偏移的方向有两种可能：一种是可以在任意方向偏移；另一种是只能在某一方向偏移。

当定位基准在任意方向偏移时，基准位移误差 Δ_{db} 为定位副直径方向最大间隙，即

$$\Delta_{db} = X_{max} = X_{min} + \delta_D + \delta_d \qquad (2\text{-}8)$$

式中　X_{max}——工件定位最大配合间隙（mm）；

　　　δ_D——工件定位基准孔的直径公差（mm）；

　　　δ_d——圆柱销或心轴直径公差（mm）；

　　　X_{min}——工件定位最小配合间隙（mm）。

当定位基准偏移为单方向时，基准位移误差 Δ_{db} 为定位副半径方向最大间隙，即

$$\Delta_{db} = \frac{1}{2} X_{max} = \frac{1}{2}(X_{min} + \delta_D + \delta_d) \qquad (2\text{-}9)$$

当工件用长定位轴定位时，定位的配合间隙还会使工件发生歪斜，并影响工件的平行度要求。如图 2-50 所示，工件除了孔距公差外，还有平行度要求，定位副最大配合间隙 X_{max} 同时会造成平行度误差，即

$$\Delta_{db} = (\delta_D + \delta_d + X_{min})\frac{L_1}{L_2} \qquad (2\text{-}10)$$

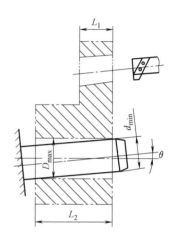

图 2-50　配合间隙对工件平行度影响

式中　L_1——加工面长度（mm）；

　　　L_2——定位孔长度（mm）。

【例 2-11】　阶梯轴如图 2-51 所示，阶梯外圆已车好，现要在直径为 d_1 的圆柱上铣一键槽，由于该段圆柱很短，故采用直径为 d_2 的长圆柱放在 V 形块上定位，已知，$d_1 = \phi 25_{-0.021}^{\ 0}$ mm，$d_2 = \phi 35_{-0.025}^{\ 0}$ mm，试计算基准不重合误差及基准位移误差。

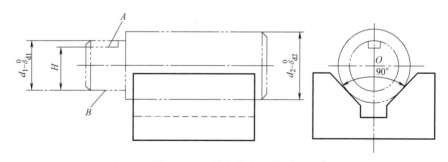

图 2-51　工件定位加工简图

解：基准不重合误差 $\Delta_{jb} = \dfrac{\delta_{d1}}{2} = \dfrac{0.021}{2}$ mm $= 0.0105$ mm

基准位移误差 $\Delta_{db} = \dfrac{\delta_{d2}}{2\sin\dfrac{\alpha}{2}} = \dfrac{0.025}{2 \times 0.707}$ mm $= 0.0177$ mm

【例 2-12】　如图 2-47 所示基准位移误差，设 $A = 40$ mm ± 0.1 mm，$D = \phi 50_{\ 0}^{+0.03}$ mm，$d =$

$\phi 50_{-0.03}^{\ 0}$mm，求加工尺寸 A 的定位误差。

解：工序基准与定位基准重合，$\Delta_{jb}=0$。

在 F_W 的作用下，工件内孔与心轴总是在心轴上母线接触，因此

$$\Delta_{db}=\frac{1}{2}X_{max}=\frac{1}{2}(X_{min}+\delta_D+\delta_d)=\frac{1}{2}(0.03+0.03)\,mm=0.03\,mm$$

$$\Delta_{dw}=\Delta_{db}=0.03\,mm$$

【例 2-13】　钻铰图 2-52 所示工件上的 $\phi 10H7$ 孔，工件以 $\phi 20H7$（$^{+0.021}_{\ 0}$）孔定位，定位轴直径为 $\phi 20_{-0.016}^{-0.007}$mm，求工序尺寸 50mm±0.07mm 及平行度的定位误差。

解：（1）针对工序尺寸 50mm±0.07mm 的定位误差

1）计算基准不重合误差 Δ_{jb}。定位基准为 $\phi 20H7$（$^{+0.021}_{\ 0}$）孔的轴线，工序尺寸 50mm±0.07mm 的工序基准也为 $\phi 20H7$（$^{+0.021}_{\ 0}$）孔的轴线，故定位基准与工序基准重合，即 $\Delta_{jb}=0$。

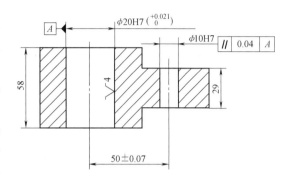

图 2-52　钻铰 $\phi 10H7$ 孔

2）计算基准位移误差 Δ_{db}。由于定位基准在任意方向偏移，得

$$X_{db}=X_{max}=X_{min}+\delta_D+\delta_d$$
$$=0.021\,mm+0.009\,mm+0.007\,mm$$
$$=0.037\,mm$$

3）计算定位误差 Δ_{dw}。

$$\Delta_{dw}=\Delta_{db}=0.037\,mm$$

（2）针对平行度的定位误差

1）计算基准不重合误差 Δ_{jb}。

定位基准与工序基准重合，即 $\Delta_{jb}=0$。

2）计算基准位移误差 Δ_{db}。

$$\Delta_{db}=(\delta_D+\delta_d+X_{min})\frac{L_1}{L_2}$$
$$=(0.021+0.009+0.007)\times\frac{29}{58}\,mm$$
$$=0.018\,mm$$

3）计算定位误差。

$$\Delta_{dw}=\Delta_{db}=0.018\,mm$$

（三）定位误差的合成

定位误差 Δ_{dw} 应是基准不重合误差 Δ_{jb} 与基准位移误差 Δ_{db} 的合成。计算误差时，可先计算 Δ_{jb} 和 Δ_{db}，然后将两者合成得 Δ_{dw} 时，会出现以下情况。

1）当工序基准不在定位基准面上时，Δ_{jb}、Δ_{db} 无共同变量因素时，称其独立，合成结果为

$$\Delta_{dw}=\Delta_{jb}+\Delta_{db} \tag{2-11}$$

2）当工序基准在定位基准面上时，Δ_{jb}、Δ_{db} 有共同变量因素时，称其相关，合成结果为

$$\Delta_{dw} = \Delta_{jb} \pm \Delta_{db} \qquad (2\text{-}12)$$

式中 "+" "–" 号确定方法有以下两种。

方法一：在定位基准面尺寸变动方向一定（由大变小或由小变大）的条件下，Δ_{db}（或定位基准）与 Δ_{jb}（工序基准）的变动方向相同取 "+" 号；变动方向相反取 "–" 号。

方法二：同 "–" 异 "+"，即在加工尺寸方向上，工件的工序基准与工件与定位接触点（工件与定位元件）位于定位基准同侧时，合成为 "–" 号，异侧时，合成为 "+" 号。

（四）定位误差允许范围

由于夹具精度对加工误差的影响较大，因此，在分析定位方案时，要求先对其定位误差是否影响工序精度进行预算。在正常加工条件下，一般推荐的定位误差占工序公差的 1/3 ~ 1/5。如果夹具的定位误差超出工序公差的 1/3，则认为夹具的定位方案不满足定位精度的要求。

【例 2-14】 如图 2-46 所示，工件以 A 面加工定位孔，试求定位误差，并判断该定位方案能否满足加工要求。

解：1）计算基准不重合误差 Δ_{jb}。从例 2-10 中得知，$\Delta_{jb} = 0.05\text{mm}$。

2）计算基准位移误差 Δ_{db}。由于平面定位，故 $\Delta_{db} = 0$。

3）计算定位误差 Δ_{dw}。$\Delta_{dw} = \Delta_{jb} = 0.05\text{mm}$。

4）判断。工序尺寸：$32\text{mm} \pm 0.05\text{mm}$。$T/3 = 0.1\text{mm}/3 = 0.033\text{mm}$。$\Delta_{dw} = \Delta_{jb} = 0.05 \text{ mm} > T/3$。该定位方案不能满足加工要求。

【例 2-15】 如图 2-53 所示，工件的小端外圆 d_1 用 V 形块定位，V 形块上两斜面间的夹角为 90°，加工 $\phi10\text{H8}$ 孔。已知 $d_1 = \phi30_{-0.01}^{0}\text{mm}$，$d_2 = \phi55_{-0.056}^{-0.010}\text{mm}$，$H = 40\text{mm} \pm 0.15\text{mm}$，同轴度公差 $\phi t = \phi0.03\text{mm}$，求加工尺寸 $H = 40\text{mm} \pm 0.15\text{mm}$ 的定位误差，并判断该定位方案能否满足加工要求。

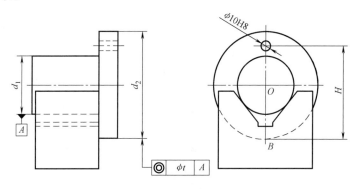

图 2-53　加工 $\phi10\text{H8}$ 孔

解：1）计算基准不重合误差 Δ_{jb}。定位基准是圆柱 d_1 的轴线，工序基准在外圆 d_2 的素线 B 上，两者不重合，定位尺寸是外圆 d_2 的半径，并且考虑两圆的同轴度公差，得

$$\Delta_{jb} = \sum_{i=1}^{n} \delta_s \cos\alpha$$

$$= \left(\frac{\delta_{d2}}{2} + t \right)$$

$$= \frac{0.046 \text{mm}}{2} + 0.03 \text{mm}$$

$$= 0.053 \text{mm}$$

2）计算基准位移误差 Δ_{db}。

$$\Delta_{\text{db}} = 0.707 \delta_{\text{d1}}$$

$$= 0.707 \times 0.01 \text{mm}$$

$$= 0.007 \text{mm}$$

3）计算定位误差 Δ_{dw}。工序基准不在定位基面上，Δ_{jb} 与 Δ_{db} 无共同变量因素，所以

$$\Delta_{\text{dw}} = \Delta_{\text{jb}} + \Delta_{\text{bd}}$$

$$= 0.053 \text{mm} + 0.007 \text{mm}$$

$$= 0.06 \text{mm}$$

4）判断。工序尺寸：$40 \text{mm} \pm 0.15 \text{mm}$。$T/3 = 0.3 \text{mm}/3 = 0.1 \text{mm}$。$\Delta_{\text{dw}} = 0.06 \text{mm} < T/3$。因此，该定位方案能满足加工要求。

【例 2-16】 图 2-54 所示为铣工件上的键槽。工件以圆柱面在 $\alpha = 90°$ 的 V 形块上定位，已知：$d_{-\delta_{\text{d}}}^{0} = \phi 45_{-0.025}^{0} \text{mm}$，$A_2 = 39_{-0.1}^{0} \text{mm}$，求加工 A_2 时的定位误差，并判断该定位方案能否满足加工要求。

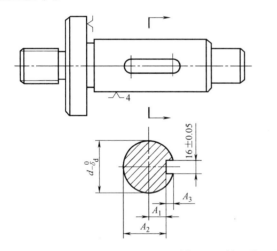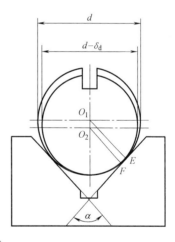

图 2-54 铣工件上的键槽

解：1）计算基准不重合误差 Δ_{jb}。由于工序基准是圆柱下母线，定位基准是圆柱轴线，两者不重合，并且定位尺寸 $L = \left(\frac{d}{2} \right)_{-\frac{\delta_{\text{d}}}{2}}^{0}$，所以

$$\Delta_{\text{jb}} = \frac{\delta_{\text{d}}}{2} = \frac{0.025 \text{mm}}{2} = 0.0125 \text{mm}$$

2）计算基准位移误差 Δ_{db}。

$\Delta_{\text{db}} = 0.707 \delta_{\text{d}} = 0.707 \times 0.025 \text{mm} = 0.0177 \text{mm}$

3）计算定位误差 Δ_{dw}。工序基准在定位基面上，当定位基准面直径由大变小时，定位基准朝下变动；当定位基准面直径由大变小时，工序基准朝上变动。两者的变动方向相反，取 "–" 号，故

$$\Delta_{dw} = \Delta_{db} - \Delta_{jb} = 0.0177\,mm - 0.0125\,mm = 0.0052\,mm$$

4）判断。工序尺寸：$39_{-0.1}^{0}\,mm$。$T/3 = 0.1\,mm/3 = 0.033\,mm$。$\Delta_{dw} = 0.0052\,mm < T/3$。因此，该定位方案能满足加工要求。

任务实施

一、对于工序尺寸 20mm±0.1mm

1）计算基准不重合误差。

2）计算基准位移误差。

3）定位误差的合成。

4）判断定位误差是否满足加工要求。

二、对于对称度 0.1mm

1）计算基准不重合误差。

2）计算基准位移误差。

3）定位误差的合成。

4）判断定位误差是否满足加工要求。

知识拓展

工件以一面两孔定位的情况如图 2-55 所示，首先从定位误差的角度分析工件以一面两孔定位需解决的问题。

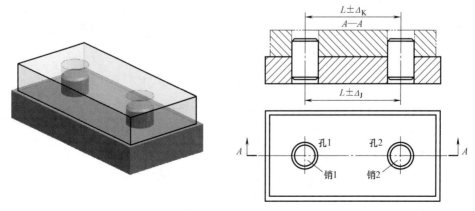

图 2-55　工件以一面两孔定位的情况

一、需解决的问题

（一）理想情况分析

设工件上两孔中心线距离为 $L\pm\Delta_K$，夹具上两销的距离为 $L\pm\Delta_J$。理想的情况下，孔 1 的中心线与销 1 的中心线重合时，孔 2 中心线与销 2 的中心线也重合，且此时两孔和两销之间分别留有装卸工件所需的最小间隙 X_{1min} 和 X_{2min}。

（二）实际情况分析

由于孔距和销距存在制造误差，孔 1 的中心线与销 1 的中心线重合时，孔 2 的中心线与销 2 的中心线不可能重合。在孔距为最大（$L+\Delta_K$）、销距为最小（$L-\Delta_J$）；或在孔距为最小（$L-\Delta_K$）、销距为最大（$L+\Delta_J$）的极限情况下，若使孔 2 能顺利装入销 2，并留有最小的装卸间隙，必须减小销 2 的直径。但销 2 的直径减小后，势必会增大孔 2 的基准位移误差，引起定位的基准角度误差增大。

二、解决方法

为了避免以上后果的出现，在不减少销 2 直径的情况下，为了削除销 2 上与孔 2 上产生的干涉，则采用削边销，如图 2-56 和表 2-4 所示。削边销的标准结构及尺寸见 JB/T 8014—

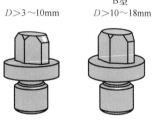

B 型
$D>3\sim10mm$　$D>10\sim18mm$　$D>18mm$

图 2-56　削边销

1999。采用定位销"削边"的方法能增大连心线方向的间隙，削边量越大，连心线方向的间隙越大，这样便能满足工件装卸的条件。由于这种方法只增加连心线方向的间隙，不增加工件的转角误差，因而定位精度较高。

表 2-4　削边销的主要尺寸　　　　　　　　（单位：mm）

d	$>3\sim6$	$>6\sim8$	$>8\sim20$	$>20\sim25$	$>25\sim32$	$>32\sim40$	$>40\sim50$
B	$d-0.5$	$d-1$	$d-2$	$d-3$	$d-4$	$d-5$	$d-5$
b_1	1	2	3	3	3	4	5
b	2	3	4	5	5	6	8

三、基准位移误差计算

工件以一面两孔定位的基准位移误差计算分为两部分进行。

（一）工件在两孔中心线连线方向的基准位移误差

工件在两孔中心线连线方向的基准位移误差由孔 1 和销 1（圆柱销）决定。孔 1 的中心线的最大位移变动量，与圆柱孔定位任意边接触的情况相同，即为

$$\Delta_{db1} = X_{1max} = X_{1min} + \delta_{D1} + \delta_{d1}$$

式中　X_{1max}——孔1和销1最大间隙；

　　　X_{1min}——孔1和销1最小间隙。

（二）基准角度误差

基准角度误差是两孔中心线连线相对其理想位置的最大偏转角度，当工件可在任意方向转动时，其值为 $\tan\Delta\alpha = \dfrac{X_{1max} + X_{2max}}{2L}$，式中 X_{1max} 为孔1和销1最大间隙，X_{2max} 为孔2和销2最大间隙。

四、两销的设计步骤与示例

设 D_1、D_2 分别为孔1、孔2的直径，d_1、d_2 分别为圆柱销1、削边销2的直径，Δ_1 为孔 D_1 与圆柱销配合的最小间隙，Δ_2 为孔 D_2 与削边销配合的最小间隙，$L\pm\Delta_K$ 为孔间距及偏差，$L\pm\Delta_J$ 为销间距及偏差。

已知：D_1、D_2、Δ_K、L，确定 Δ_J、d_1、d_2。

设计步骤如下。

1）布局销位。一般把圆柱销布置在工序基准所在的孔上，当两孔均为工序基准时，把圆柱销布置在工序尺寸精度要求高的孔上。

2）计算销间距及偏差。$L\pm\Delta_J = L\pm(1/2\sim 1/5)\Delta_K$。

3）确定圆柱销1直径偏差。$d_1 = D_1 g6$（当 $D_1\to\infty$ 时，孔1变成了平面，此时 $\Delta_1 = 0$）。

4）设计削边销2直径偏差。查表取 b（由 $d=2$ 查表2-4），得

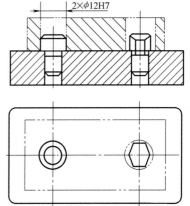

$$\Delta_2 = 2b/D_2(\Delta_K + \Delta_J - \Delta_1/2)$$

$$d_2 = (D_2 - \Delta_2)h6$$

【例2-17】　如图2-57所示，工件以两孔一面在两销一面上定位，试设计两销尺寸。

解：1）布局销位。因无加工要求，圆柱销任意布置，本题圆柱销布在左孔 $\phi12H7$ 位置。

图2-57　两销定位设计

2）确定销间距及偏差。$L\pm\Delta_J = 80mm\pm 0.01mm$。

3）确定圆柱销直径。$d_1 = D_1 g6 = \phi12_{-0.017}^{-0.006}mm$。

因为孔 $\phi12H7$（$_{0}^{+0.018}$）、销 $\phi12_{-0.017}^{-0.006}mm$，所以 $\Delta_1 = 0.006mm$。

4）确定削边销直径。查表2-4，$b=4mm$ 所以

$$\Delta_2 = 2b/D_2(\Delta_K + \Delta_J - \Delta_1/2) = 2\times 4/12\times(0.02 + 0.01 - 0.006/2)mm$$

$$= 0.018mm$$

$$d_2 = (D_2 - \Delta_2)h6 = \phi(12 - 0.018)_{-0.011}^{0}mm$$

$$= \phi12_{-0.029}^{-0.018}mm$$

任务五 制订定位方案

任务目标

1. 能根据加工要求,确定工件必须限制的自由度。
2. 能根据加工要求,分析工序基准。
3. 能合理选择定位基准。
4. 能合理选择定位元件。
5. 能分析定位元件所限制的自由度是否满足加工要求。
6. 能确定定位方案。
7. 能计算定位误差并判断定位方案的合理性。

回到工作情境

如图 2-1 所示,钢套工件在本工序中需钻 $\phi5mm$ 的孔,工件材料为 Q235A 钢,批量 $N=2000$ 件,试设计钻 $\phi5mm$ 孔的钻床夹具定位方案。加工要求如下。

1) $\phi5mm$ 孔轴线到端面 B 的距离为 20mm±0.1mm。
2) $\phi5mm$ 孔对 $\phi20H7$ 孔的对称度公差为 0.1mm。

任务分析

定位方案设计首先应从工序加工要求入手,分析每个工序尺寸及几何公差,分析工件加工必须限制的自由度,根据工序基准和定位基准,确定定位方案,最后,进行定位误差分析,分析定位方案的合理性。

相关知识

一、制订定位方案的步骤

一般来说,制订工件加工定位方案的步骤如下。

(一) 分析工序

分析本工序在整个加工工艺过程中的位置,分析工序尺寸精度及几何公差,分析已加工的表面情况。

(二) 分析工序加工必须限制的自由度

根据加工质量要求,先逐个分析必须限制的自由度,然后综合分析,确定工序加工必须限制的自由度。

(三) 分析工序基准

根据工序图,逐个分析工序基准。

(四) 选择定位基准

根据基准重合原则,一般优先选择工序基准作为定位基准,当工序基准作为定位基准难以实现时，可考虑选择其他表面作为定位基准。

（五）确定定位方案

根据定位基准面选择定位元件，分析定位元件所限制的自由度是否符合加工要求，再确定定位方案。

（六）设计定位元件尺寸

对定位销、削边销等定位元件进行设计。

（七）分析定位方案的合理性

计算定位误差，判断定位方案的合理性。

二、定位方案制订示例

图 2-58 所示为铣键槽工序图，在铣床上加工宽度为 $4_0^{+0.1}$ mm 的通槽，其他零件表面都已加工完成，试确定本工序的定位方案，并判断定位方案的合理性。

（一）分析工序

本工序加工要求主要有槽宽 $4_0^{+0.1}$ mm、槽深 $3_0^{+0.2}$ mm；槽对内孔轴线对称度公差为 0.15mm；槽对 B 面的垂直度公差为 0.1mm。零件其他表面都已加工完成。

（二）根据槽的加工要求，确定必须限制的自由度

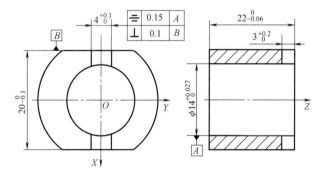

图 2-58　铣键槽工序图

保证槽深应限制：$\widehat{X}$、$\widehat{Y}$、$\vec{Z}$。

保证槽的垂直度应限制：$\widehat{Z}$。

保证槽的对称度应限制：$\vec{Y}$、$\widehat{X}$、$\widehat{Z}$。

综合结果应限制：$\widehat{X}$、$\vec{Y}$、$\widehat{Y}$、$\vec{Z}$、$\widehat{Z}$。

（三）根据槽的加工要求，分析工序基准

槽宽尺寸由刀具保证。

槽深 $3_0^{+0.2}$ mm 的工序基准是前端面。

槽的对称度公差 0.15mm 的工序基准是 $\phi14_0^{+0.027}$ mm 孔的中心线。

槽的垂直度公差 0.1mm 的工序基准是 B 面。

（四）选择定位基准

根据基准重合原则，一般优先选择工序基准作为定位基准。当工序基准作为定位基准难以实现时，可考虑选择其他表面作为定位基准。本例选择工件孔中心线、B 面和后端面为定位基准。

（五）定位方案确定

后端面布大支承板限制自由度：$\widehat{X}$、$\widehat{Y}$、$\vec{Z}$。

B 面布窄长支承板限制自由度：$\vec{X}$、$\widehat{Z}$。

孔面布短削边销限制自由度：$\vec{Y}$。

综合结果实际限制自由度：$\vec{X}$、$\widehat{X}$、$\vec{Y}$、$\widehat{Y}$、$\vec{Z}$、$\widehat{Z}$。

（六）削边销设计

孔的中心距：$L \pm \Delta_K = 10_{-0.05}^{0}$ mm $= 9.975$ mm ± 0.025 mm。

根据要求取销的中心距：$L \pm \Delta_J = 9.975$ mm ± 0.005 mm。

因为 $D_1 \to \infty$，所以 $\Delta_1 = 0$。

查表 2-4，$b = 4$ mm，所以

$\Delta_2 = 2b/D_2(\Delta_K + \Delta_J - \Delta_1/2) = 2 \times 4/14(0.025 + 0.005)$ mm $= 0.017$ mm

$d_2 = (14 - 0.017)$ h6 $\left(_{-0.011}^{0}\right) = 14_{-0.028}^{-0.017}$ mm

（七）定位误差分析

对槽深 $3_{0}^{+0.2}$ mm：

$\Delta_{jb} = 0.06$ mm，$\Delta_{db} = 0$，$\Delta_{dw} = 0.06$ mm，$\dfrac{T}{3} = \dfrac{0.2\,\text{mm}}{3} = 0.0667$ mm，$\Delta_{dw} < \dfrac{T}{3}$，定位方案满足要求。

对槽的对称度公差 0.15 mm：

基准重合 $\Delta_{jb} = 0$，$\Delta_{db} = X_{max} = 0.027$ mm $+ 0.028$ mm $= 0.055$ mm，$\Delta_{dw} = 0.055$ mm $\approx T/3$，尚可。

对槽的垂直度公差 0.10 mm：

基准重合 $\Delta_{jb} = 0$，平面定位 $\Delta_{db} = 0$，因此 $\Delta_{dw} = 0$，满足要求。

结论：该定位方案满足加工要求，设计合理。

 **任务实施**

一、分析工序

_____

_____

二、根据加工要求，确定必须限制的自由度

_____

_____

三、根据加工要求，分析工序基准

_____

_____

_____

四、选择定位基准

_____

_____

五、确定定位方案

_____

六、定位元件选择或设计

七、定位误差分析

1）ϕ5mm 孔轴线到端面 B 的距离为 20mm±0.1mm。

2）ϕ5mm 孔对 ϕ20H7 孔的对称度公差为 0.1mm。

八、结论

任务六 交流、评价、总结

任 务 目 标

1. 能根据学习任务评价表进行自评。

2. 能表达学习任务完成情况。

3. 能比较各组定位方案优劣。

一、分组展示

各组课前做好准备，将定位方案写在移动黑板上。

各组推荐一名同学表达。

各组发表对其他小组评价意见。

二、评价

教师对各组推荐定位方案进行点评，并根据表2-5对定位方案进行评价。

表2-5 夹具定位方案制定评价表

序号	内 容	配分	评分要求	自评	教师评价
1	分析工序	5	分析要素完整、工序加工要求明确		
2	分析工件加工所需限定的自由度	15	自由度分析正确、合理		
3	分析工序基准	5	工序基准确定正确、完整		
4	选择定位基准	10	定位基准选择合理,遵循原则		
5	定位方案设计	20	定位方案设计合理、夹具结构力求简单,便于工件的正确定位与工人操作		
6	定位元件设计	10	定位元件设计应满足加工要求,便于工件的安装、定位与夹紧,尽量减少定位误差		
7	定位误差分析计算	20	定位误差分析计算方法正确,定位误差满足工序尺寸加工要求		
8	职业规范性	10	遵守课堂纪律、正确使用设备及工量具、遵守安全操作规程		
9	团队合作	5	团队合作精神		

三、梳理总结

（一）夹具定位方案设计要点

（二）制订夹具定位方案方法与步骤

（三）学习心得体会

制订工件夹紧方案

学 习 目 标

1. 能确定夹紧动力来源。
2. 能制订夹紧方案。
3. 能绘制夹紧方案简图与受力图。
4. 能估算夹紧力。
5. 能运用《机床夹具设手册》等工具书合理设计夹紧元件的尺寸规格。
6. 能促进学生形成规范设计的职业素养。
7. 能进行良好的交流与合作。

建议学时

8 学时。

工作情境描述

如图 3-1 所示，钢套工件在本工序中需钻 ϕ5mm 的孔，工件材料为 Q235A 钢，批量 N = 2000 件。加工要求如下。

1）ϕ5mm 孔轴线到端面 B 的距离为 20mm±0.1mm。

2）ϕ5mm 孔对 ϕ20H7 孔的对称度公差为 0.1mm。

上个项目已经完成了定位方案的制订，本项目是设计钻 ϕ5mm 孔的钻床夹具的夹紧方案。

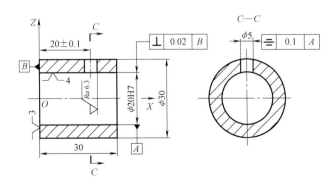

图 3-1　钢套工件钻 ϕ5mm 孔工序图

工作流程与任务

任务一　认识基本夹紧机构

任 务 目 标

1. 能根据实物或图样指出基本夹紧机构的名称。
2. 能指出基本夹紧机构各零件作用。
3. 能描述基本夹紧机构。
4. 能判断斜楔夹紧机构的自锁性。

任务描述

　　图3-2所示为夹紧机构工作过程实例，指出它是什么类型的夹紧机构，并说明夹紧工作过程。

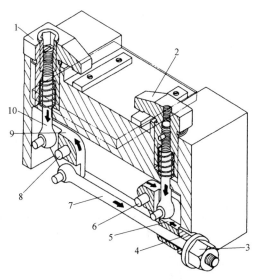

图3-2　夹紧机构工作过程实例

1、2—压板　3—螺母　4—压套　5—套筒　6、8—固定小轴　7—螺杆　9—转动连板　10—拉杆

任务分析

　　在了解夹紧机构类型、组成及各部分作用的基础上，指出该实例属于何种夹紧机构，并

明确实例中各部分零件的具体作用。

 **相关知识**

夹紧的目的是把工件压紧、夹牢在定位元件上，使其在外力的作用下不移动，保持已占据的正确位置。夹紧机构是把工件在夹具中压紧、夹牢的机构。

一、夹紧机构的要求

夹紧机构对保证工件加工质量与生产安全、提高生产率等方面有很大的影响，为此，提出以下要求。

（一）工件不移动、不振动原则

在夹紧过程中，应不破坏工件定位所获得的确定位置，不产生移动或振动。

（二）工件不变形原则

夹紧变形小，不损伤工件表面。

（三）操作安全便捷原则

工件在夹紧中，操作安全、可靠、方便、省力，其结构简单、制造容易，复杂程度和自动化程度应与工件的生产纲领相适应。

> **工厂提示**
>
> 一般夹具都需要设置夹紧机构，但少数情况下也允许不予夹紧而进行加工。例如：在重型工件上钻小孔，工件本身的重量较重，使得工件与工作台间的摩擦力足以克服钻削力和钻削转矩，此时，就不必夹紧了。

二、夹紧机构组成及各部分作用

夹紧机构的组成（图3-3）：力源装置、中间递力机构、夹紧元件。

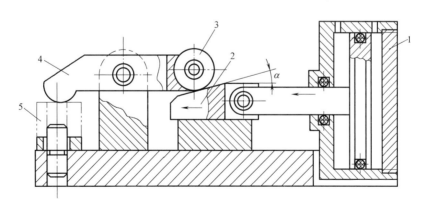

图3-3 夹紧机构的组成
1—气缸 2—斜楔 3—滚子 4—压板 5—工件

（一）力源装置

力源装置是机动夹紧时产生原始作用力的装置。通常是指气动、液压、电动等动力装置。图3-3所示的气缸就是力源装置。

（二）中间递力机构

中间递力机构是介于力源装置和夹紧元件之间的传递动力的机构。它将人力或力源装置产生的原始作用力转变为夹紧作用力，并传递给夹紧元件，然后由夹紧元件完成对工件的夹紧，如3-3图所示的零件2、3。中间递力机构能改变夹紧作用力的方向、改变夹紧作用力的大小及具有自锁作用。

（三）夹紧元件

夹紧元件是执行夹紧作用的元件，它与工件直接接触，包括各种压板（如图3-3所示的压板4）、压块等。

三、基本夹紧机构

在夹具的各类夹紧机构中，起基本夹紧作用的多为斜楔、螺旋、偏心、杠杆、薄壁弹性件等夹具元件。其中，以斜楔、螺旋、偏心组合而成的夹紧机构最为普遍，这三类夹紧机构称为基本夹紧机构。

（一）斜楔夹紧机构

图3-4所示为斜楔夹紧机构，在工件顶面钻削一个 ϕ8mm 的孔，另在侧面加工一个 ϕ5mm 的孔。工件放入夹具后，锤击斜楔大端，则斜楔斜面作用对工件施加挤压力，而将工件楔紧在夹具中。加工完毕后，通过锤击斜楔小端，即可松开工件。

斜楔夹紧机构主要用于机动夹紧，且工件精度较高，在夹紧力要求不大，产品数量不多的个别情况下使用。机构上具有以下特点。

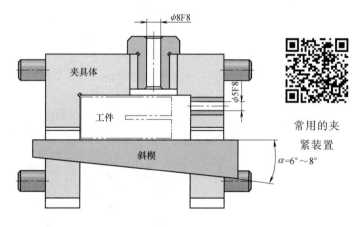

图3-4　斜楔夹紧机构

1. 具有自锁性

自锁性是当夹紧作用力去掉后，在纯摩擦力作用下，仍能保持夹紧的现象。自锁条件为楔块升角 α 小于楔块与夹具体间的摩擦角 φ_1 和楔块与工件之间的摩擦角 φ_2 之和，即

$$\alpha < \varphi_1 + \varphi_2 \tag{3-1}$$

对于一般钢材的加工表面，其摩擦系数值 $\mu = 0.1 \sim 0.15$，由于 $\tan\varphi = \mu$，所以一般材料的摩擦角 φ_1、φ_2 在 $5°43' \sim 8°32'$ 范围内。故满足自锁条件的斜楔升角 α 在 $11° \sim 17°$ 范围内选择。为安全锁紧，一般 α 取 $6° \sim 8°$。对于气动和液压夹紧等原始力始终作用的斜楔，其升角可不受此限制。

2. 改变夹紧作用力方向

当对斜楔机构外加一个水平方向的作用力时，将产生一个垂直方向的夹紧力。

3. 可增力

增加比 i 为

$$i = \frac{F_W}{F_Q} = \frac{1}{\tan\varphi_1 + \tan(\alpha + \varphi_2)} \qquad (3\text{-}2)$$

式中　F_W——夹紧力；

　　　　F_Q——原始作用力。

如取 $\varphi_1 = \varphi_2 = 6°$，$\alpha = 10°$ 代入式（3-2），得 $i = 2.6$。

（二）螺旋夹紧机构

螺旋夹紧机构（图 3-5）是斜楔夹紧机构的变形。所以，螺旋夹紧机构夹紧工件的原理仍是楔紧作用。

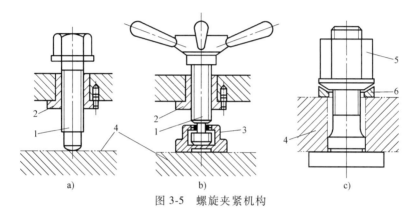

图 3-5　螺旋夹紧机构

a）直接螺钉头夹紧　b）摆动压块夹紧　c）螺母夹紧

1—螺钉、螺杆　2—螺母套　3—摆动压块　4—工件　5—球面带肩螺母　6—球面垫圈

螺旋夹紧机构广泛应用于手动夹紧中，结构上具有以下特点。

1）升角 $\alpha \leqslant 4°$，自锁性能更好，耐振。

2）夹紧行程不受限制，但夹紧行程大时，操作时间长。

3）增力比大。在不考虑摩擦力情况下，增力比 $i = \dfrac{1}{\tan\alpha}$。

4）结构简单。螺旋压板夹紧机构是螺旋夹紧机构中结构形式变化最多，也是应用最广的夹紧机构，如图 3-6 所示。

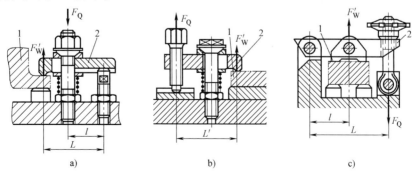

图 3-6　螺旋压板夹紧机构

a）移动压板一　b）移动压板二　c）铰链式压板

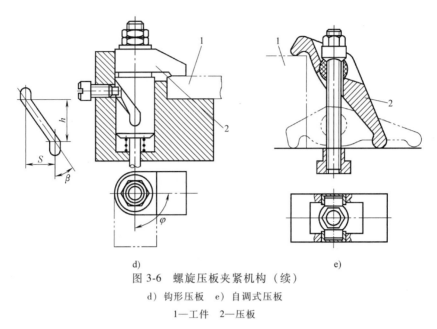

d)

e)

图 3-6 螺旋压板夹紧机构（续）

d）钩形压板 e）自调式压板

1—工件 2—压板

（三）偏心夹紧机构

如图 3-7 所示，由偏心轮、手柄等组成的夹紧机构称为偏心夹紧机构。偏心轮通过销轴与悬置压板偏心铰接，压下手柄，工件即被压板压紧；抬起手柄，工件即被松开，向后拖动压板及偏心轮即可让出装卸空间。圆偏心轮相当于曲线楔绕在基圆上形成的，所以夹紧工件仍是楔紧作用。

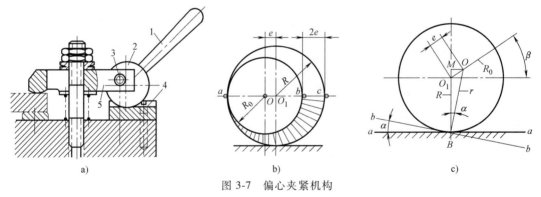

a)

b)

c)

图 3-7 偏心夹紧机构

1—手柄 2—偏心轮 3—销轴 4—垫板 5—压板

偏心夹紧机构一般用在切削力不大且无振动的场合，对夹紧尺寸要求严格。在结构上具有以下特点。

1. 夹紧行程 S

$$S = e(1 + \sin\beta) \tag{3-3}$$

式中 e——偏心距；

β——回转角。

夹紧行程 S 范围 0~2e，如图 3-8 所示。

2. 升角是连续变化

与平面斜楔相比，其主要特性是工作表面上各点的升角是连续变化的值。最大升角为

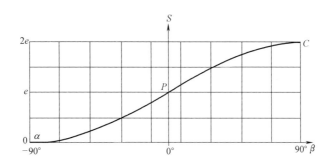

图 3-8 夹紧行程展开图

$\alpha_{max} = \arctan \dfrac{e}{R}$，$R$ 为偏心轮半径。

3. 自锁条件

偏心轮的自锁条件为

$$\alpha_{max} \leqslant \varphi_1 + \varphi_2 \tag{3-4}$$

式中　φ_1——偏心轮与垫板之间摩擦角；

　　　φ_2——转动副中的摩擦角，很小可忽略。

因此，$\alpha_{max} \leqslant \varphi_1$，则 $2e/D \leqslant \mu$，一般 $\mu = 0.1 \sim 0.15$，故自锁条件为

$$D/e \geqslant 14 \sim 20 \tag{3-5}$$

 **任务实施**

图 3-2 所示为夹紧机构工作过程实例，指出它是什么类型的夹紧机构，并说明夹紧工作过程。

一、指出夹紧机构的类型

_____

_____

二、简述夹紧工作过程

_____

_____

_____

知识拓展

定心夹紧机构与联动夹紧机构简介

1. 定心夹紧机构

定心夹紧机构是定位和夹紧同时实现的夹紧机构。采用定心夹紧机构可减少定位误差 Δ_{dw}。它的工作原理是利用"定位-夹紧"元件的等速移动或均匀弹性变形来实现定心或对中，主要用在要求定心或对中的场合。图 3-9 所示为螺旋式定心夹紧机构，转动有左、右螺纹的双向螺杆 6，V 形块钳口 2、4 可等速靠拢中心或等速远离中心而实现工件定心装夹。定心精度可借助调节杆 3 实现。

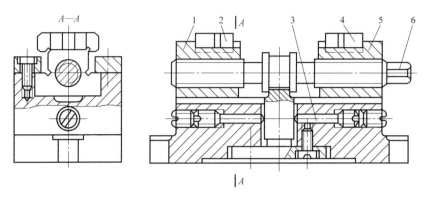

图 3-9　螺旋式定心夹紧机构

1、5—滑座　2、4—V 形块钳口　3—调节杆　6—双向螺杆

2. 联动夹紧机构

联动夹紧机构是利用一个原始作用力实现单件或多件的多点、多向同时夹紧的机构。图 3-10 所示为单件对向联动夹紧机构；图 3-11 所示为互垂力或斜交力联动夹紧机构；图 3-12 所示为对向式多件联动夹紧机构。

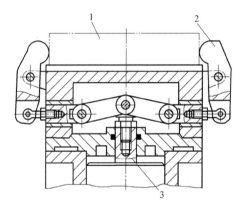

图 3-10　单件对向联动夹紧机构

1—工件　2—浮动压板　3—活塞杆

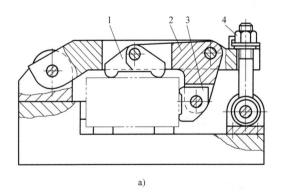

a)

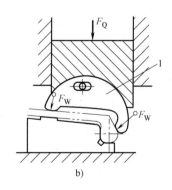

b)

图 3-11　互垂力或斜交力联动夹紧机构

a）双向浮动网点联动夹紧机构　b）浮动压头

1、3—摆动压块　2—摇臂　4—螺母

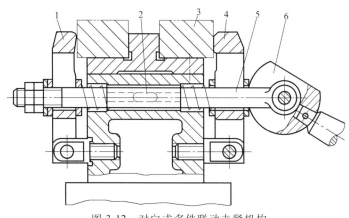

图 3-12 对向式多件联动夹紧机构

1、4—压板 2—键 3—工件 5—拉杆 6—偏心轮

【思考与练习】

简述如图 3-10 所示联动夹紧机构的工作原理。

任务二 分析夹紧力

任务目标

1. 能分析夹紧力方向选择合理性。
2. 能分析夹紧力作用点选择合理性。
3. 能计算较简单夹紧力。

任务描述

图 3-13 所示为铣削工件图，切削力为 F，工件与导向支承间的摩擦系数为 μ，切削力到止推支承 5 的距离为 L，导向支承 2、6 到止推支承 5 的距离分别为 L_1、L_2，工件重力及压板与工件之间的摩擦力可以忽略不计。试分析铣削平面时夹紧力的方向与作用点的合理性，并估算所需的夹紧力 F_W 的大小。

任务分析

首先应了解铣削加工时工件的受力情况，然后根据切削力产生的转矩，按照工件的静力平衡条件

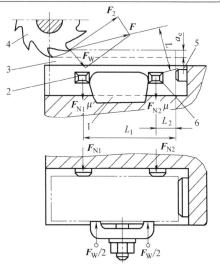

图 3-13 铣削工件图

1—压板 2、6—导向支承 3—工件
4—铣刀 5—止推支承

计算出实际所需夹紧力 F_W。

🔧 相关知识

工件在加工中夹紧是通过夹紧机构对其施加一定的夹紧力来实现的。所以，设计夹紧机构时，首先要考虑如何施加夹紧力，然后再确定夹紧机构。夹紧力与其他力一样，具有三个要素，即力的方向、力的作用点和力的大小。夹紧力用 F_W 表示，箭头所指方向为夹紧力的方向，如图 3-14 所示。

一、夹紧力方向的确定

夹紧力的方向主要和工件定位基准的配置以及工件所受外力的作用方向有关，确定时应遵循以下原则。

（一）夹紧力应垂直于主要定位基准面

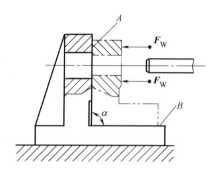

工件的主要定位基准面的面积一般较大，消除的自由度较多，夹紧力垂直于此面时，由夹紧力所引起的单位面积上的变形较小，有利于保证加工的质量。如图 3-14 所示，在支座上镗孔，要求保证孔的中心线与 A 面垂直。从定位观点看，应选择 A 平面为主要的定位基准面，夹紧力应垂直于 A 面。

图 3-14　夹紧力应垂直于
主要定位基准面

如果夹紧力不是朝向 A 面，而是朝向 B 面，则由于 A、B 两平面的夹角误差的影响，会使 A 面离开夹具的定位表面或使夹具产生变形。如图 3-15 所示，夹紧力朝向底面，这样就不能保证孔的中心线与 A 面垂直。

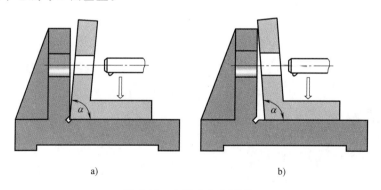

图 3-15　夹紧力方向不当
a）$\alpha < 90°$　b）$\alpha > 90°$

工厂提示

工件在夹紧力作用下，应首先保证主要定位基准面与定位元件可靠接触。

（二）夹紧力的方向应有利于减小夹紧力

当夹紧力和切削力、工件重力同向时，加工过程中所需的夹紧力最小。但实际中，满足夹紧力和切削力、工件重力同向的夹紧机构不多。图 3-16 所示为最不理想状态，但由于工件小，钻小孔时切削力也较小，因此此种结构在实际中也会应用。

（三）夹紧力施加的方向应是工件刚度较高的方向

如图 3-17 所示，薄套工件径向刚度差而轴向刚度好时，采用图 3-17b 所示夹紧方案可避免工件发生严重变形。

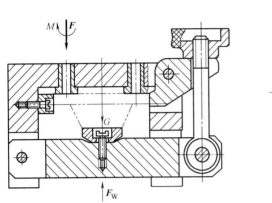

图 3-16 夹紧力和切削力、工件重力反向

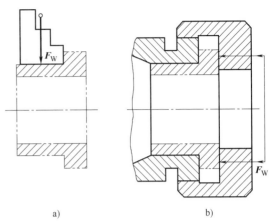

图 3-17 夹紧力施加的方向应是工件刚度较高的方向
a）径向夹紧 b）轴向夹紧

二、夹紧力作用点的选择

在选择夹紧力的作用点时，应主要考虑一是夹紧时不破坏工件定位时所获得的位置；二是夹紧时引起的工件变形最小。一般来说，选择夹紧力的作用点应遵循以下原则。

（一）夹紧力的作用点应落在支承元件上或落在几个支承所形成的支承面上

如夹紧力落在支承范围以外，则夹紧力和支承反力构成的力偶将使工件倾斜或移动，破坏工件定位，如图 3-18a 所示。正确的选择如图 3-18b 所示，夹紧力的作用点落在支承面上。

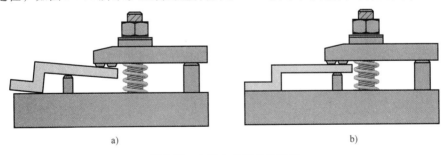

图 3-18 夹紧力作用点的选择
a）错误 b）正确

工厂提示

夹紧力的作用点靠近支承面的几何中心，可使夹紧力均匀地分布在定位基准面和定位元件的整个接触面上。

（二）夹紧力的作用点应位于工件刚性较好的部位

夹紧力应施于工件刚性较好的部位，以减小工件的夹紧变形。如图 3-19a、c 所示，工件的夹紧变形较小；如图 3-19b、d、e 所示，工件的夹紧变形较大。

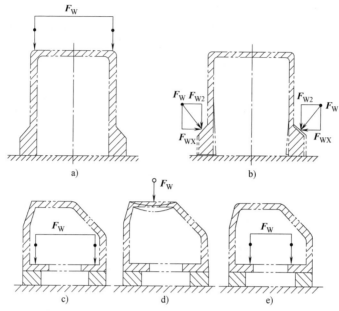

图 3-19　夹紧力的作用点应位于工件刚性较好的部位

a)、c) 正确　b)、d)、e) 错误

（三）夹紧力的作用点应尽量靠近加工表面

夹紧力的作用点应尽量靠近加工表面，以减小切削力对夹紧点的力矩，防止或减小工件的加工振动或弯曲变形。如图 3-20 所示，因 $M_1 < M_2$，故在切削力大小相同的情况下，图 3-20a 和图 3-20c 所用夹紧力较小。

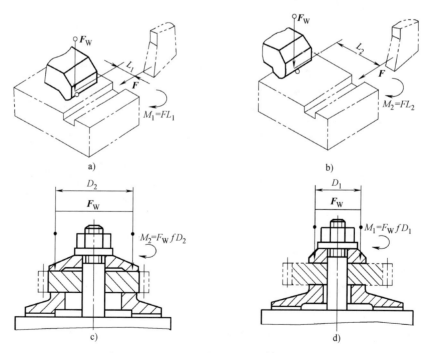

图 3-20　夹紧力的作用点应尽量靠近加工表面

a)、c) 合理　b)、d) 不合理

当作用点只能远离加工表面，造成工件装夹刚度较差时，应在靠近加工表面附近设置辅助支承，并施加辅助夹紧力，以减少加工振动，如图 3-21 所示。

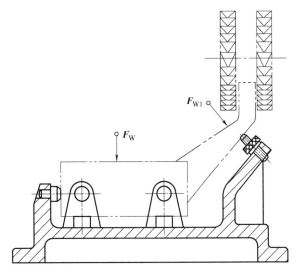

图 3-21　增设辅助支承与辅助夹紧力

三、夹紧力大小的确定

对工件的夹紧力过大，会引起工件变形，达不到加工精度要求，而且使夹紧机构结构尺寸加大，造成结构不紧凑；夹紧力过小，会造成工件夹不牢，加工时易破坏定位，同样也保证不了加工精度要求，甚至会引起安全事故。由此可见，必须对工件施加大小适当的夹紧力。

夹紧力的大小不仅与工件上作用的其他力相关，同时与工艺系统的刚度、夹紧机构传递的效率等因素有关，夹紧力大小的精确计算是很复杂的。因此，实际设计中常采用估算法、类比法和试验法来确定所需的夹紧力。

当采用估算法确定夹紧力时，为简化计算，通常将夹具和工件看成一个刚体。根据工件所受切削力、夹紧力等作用情况，找出加工过程中最不利的状态，按静力平衡原理计算出理论夹紧力，最后再乘以安全系数作为实际所需夹紧力。实际夹紧力为

$$F_{WK} = KF_W \tag{3-6}$$

式中　　F_{WK}——实际夹紧力；

F_W——按工件受静力平衡所需要的夹紧力；

K——安全系数。安全系数 K 一般取 $1.5 \sim 3$；用于粗加工取 $K = 2.5 \sim 3$，用于精加工取 $K = 1.5 \sim 2$。

除了估算法外，通常还采用类比法。类比法即根据工件的具体加工要求，包括切削用量的大小、切削负荷的轻重、生产率的高低、刀具的应用情况等，与生产部门中相类似切削条件的夹紧机构的应用情况相比较，来大致确定所需夹紧机构的主要规格，如螺纹直径、压板的厚度、气缸的直径。对于关键性的重要夹具，往往通过切削试验，来进一步验证夹紧力是否合适。

【例 3-1】　如图 3-22 所示，主切削力为 F_Z，工件与自定心卡盘之间摩擦系数为 μ，加工工件较短，求车削时所需的夹紧力。

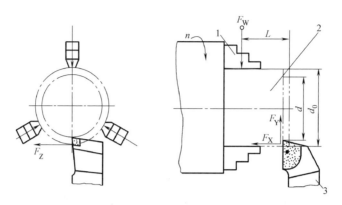

图 3-22　车削加工工件图
1—自定心卡盘　2—工件　3—车刀

解：工件用自定心卡盘夹紧，车削时受切削分力 F_Z、F_X、F_Y 的作用。主切削力 F_Z 形成的切削转矩为 $F_Z(d/2)$，使工件相对卡盘顺时针转动；F_Z 和 F_Y 还一起以工件为杠杆，力图搬松卡爪；F_X 与卡盘端面反力相平衡。为简化计算，工件较短时只考虑切削转矩的影响。根据静力平衡条件并考虑安全系数，需要每一个卡爪实际输出的夹紧力为

$$F_Z \frac{d_0}{2} = 3F_W \mu \frac{d}{2}$$

当 $d \approx d_0$ 时，

$$F_{WK} = \frac{KF_Z}{3\mu}$$

工厂提示

在一般生产条件下，类比法可以很快地确定夹紧方案，而不需要进行烦琐的计算，所以在生产中经常采用。

四、几种基本夹紧机构夹紧力估算

（一）斜楔夹紧机构

如图 3-23 所示，根据静力平衡条件得

$$F_1 + F_{RX} = F_Q$$

$$F_1 = F_W \tan\varphi_1,\ F_{RX} = F_W \tan(\alpha + \varphi_2),$$

$$F_W = \frac{F_Q}{\tan\varphi_1 + \tan(\alpha + \varphi_2)} \tag{3-7}$$

式中　F_W——斜楔对工件的夹紧力（N）；

　　　α——斜楔升角（°）；

　　　F_Q——加在斜楔上的作用力（N）；

　　　φ_1——斜楔与工件间的摩擦角（°）；

　　　φ_2——斜楔与夹具体间的摩擦角（°）。

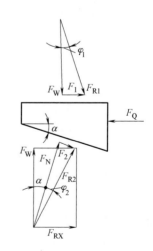

图 3-23　斜楔夹紧受力分析图

设 $\varphi_1 = \varphi_2 = \varphi$，当 α 很小时（$\alpha \leqslant 10°$），可用下式进行近似计算，即

$$F_W = \frac{F_Q}{\tan(\alpha + 2\varphi)} \tag{3-8}$$

【例 3-2】　如图 3-4 所示斜楔夹紧机构，斜楔升角 α 为 6°，各面间摩擦系数为 0.1，现钻 ϕ8mm 孔（粗加工），开始作用力为 100N，分析该斜楔夹紧机构自锁性，并计算理论夹紧力 F_W。

解：1）分析自锁性。

$\varphi = \arctan 0.10 = 5.72°$

$\alpha < 2\varphi$

能自锁。

2）计算理论夹紧力 F_W。

$$F_W = \frac{F_Q}{\tan(\varphi + \alpha) + \tan\varphi} = \frac{100}{\tan(5.72° + 6°) + \tan 5.72°} \approx 325N$$

（二）螺旋夹紧机构

螺旋夹紧是斜楔夹紧的一种变形，螺杆实际上就是绕在圆柱表面上的斜楔，如图 3-24 所示。

$$F_W = \frac{F_Q L}{d_2/2 \tan(\alpha + \varphi_1) + r'\tan\varphi_2} \tag{3-9}$$

式中　F_W——夹紧力（N）；

　　　r'——螺杆端部当量摩擦半径（mm）；

　　　L——作用力臂（mm）；

　　　F_Q——原始作用力（N）；

　　　α——升角（°）；

　　　d_2——螺旋中径（mm）；

　　　φ_1——螺旋处摩擦角（°）；

　　　φ_2——螺杆端部摩擦角（°）。

常见螺杆端部当量摩擦半径计算，如图 3-25 所示。

【例 3-3】　如图 3-26 所示螺旋夹紧机构，螺杆 M10（中径 $d_2 = 9.02$mm），升角 α 为 3.02°，各面间摩擦系数为 0.1（$\varphi = 5.72°$），原始作用力为 10N，端部为圆环面接触，$D = 20$mm，$d = 12$mm。手柄长 $L = 300$mm，分析该螺旋夹紧机构自锁性，并计算在原始作用力下产生的理论夹紧力 F_W 为多少？

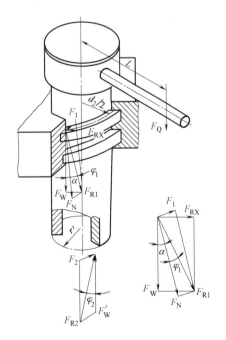

图 3-24　螺旋夹紧受力分析图

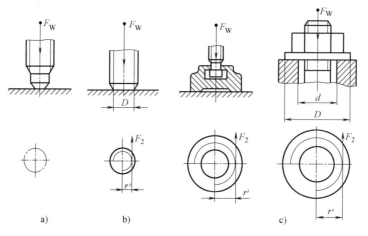

图 3-25　当量摩擦半径的计算

a）$r'=0$　b）$r'=\dfrac{1}{3}D$　c）$r''=\dfrac{(D^3-d^3)}{3(D^2-d^2)}$

解：1）分析自锁性。螺旋夹紧机构具有斜楔的结构特点，而且升角 $=3.02°$，$\varphi=5.72°$，$\alpha<2\varphi$，能自锁。

2）夹紧力计算。

$$F_W=\dfrac{F_Q L}{d_2/2\tan(\alpha+\varphi_1)+r'\tan\varphi_2}$$

3）先计算 r'。

$$r'=\dfrac{1}{3}\times\dfrac{D^3-d^3}{D^2-d^2}=\dfrac{1}{3}\times\dfrac{20^3-12^3}{20^2-12^2}\text{mm}=8.1\text{mm}$$

4）计算夹紧力 F_W。

$$
\begin{aligned}
F_W &=\dfrac{F_Q L}{d_2/2\tan(\alpha+\varphi_1)+r'\tan\varphi_2}\\[4pt]
&=\dfrac{10\times300}{9.02/2\tan(3.02°+5.72°)+8.1\tan5.72°}\text{N}\\[4pt]
&=\dfrac{3000}{4.51\tan8.74°+8.1\tan5.72°}\text{N}\\[4pt]
&=\dfrac{3000}{0.693+0.811}\text{N}\\[4pt]
&=1994.7\text{N}
\end{aligned}
$$

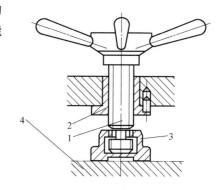

图 3-26　螺旋夹紧机构

1—螺杆　2—螺母套　3—压块　4—工件

任务实施

一、铣削加工时工件的受力情况分析

二、夹紧力施加情况分析

三、夹紧力大小计算

任务三 制订夹紧方案

任 务 目 标

1. 能根据工序加工任务，确定夹紧力源。
2. 能确定夹紧力的作用点和方向。
3. 能选择夹紧机构类型，制订夹紧方案。
4. 能根据《机械加工工艺手册》查阅切削用量等。
5. 能根据《现代夹具设计手册》查阅各种直径的许用夹紧力及夹紧转矩等参数。
6. 能用类比法或估算法确定螺栓直径等夹紧元件主要规格。
7. 能促进学生形成规范设计的职业素养。

回到工作情境

如图 3-1 所示，钢套工件在本工序中需钻 $\phi5mm$ 的孔，工件材料为 Q235A 钢，批量 $N = 2000$ 件。加工要求如下。

1）$\phi5mm$ 孔轴线到端面 B 的距离为 20mm±0.1mm。
2）$\phi5mm$ 孔对 $\phi20H7$ 孔的对称度公差为 0.1mm。

上个项目我们已经完成了定位方案的制定，本任务是设计钻 $\phi5mm$ 孔的钻床夹具的夹紧方案。

任务分析

从夹紧机构的要求出发，结合工件工序加工内容以及定位方案，综合考虑确定夹紧方案，并确定夹紧力方向、作用点以及大小。

相关知识

一、夹紧方案制订的方法与步骤

根据工序的加工内容及批量，在确定定位方案后，夹紧方案制订的步骤如下。

（一）确定夹紧力源

根据工序的加工内容和定位方案，确定采用手动、电动、气动等力源类型。

（二）确定夹紧力的作用点和方向

根据定位基准面、切削力与重力方向，确定夹紧力的作用点和方向。

（三）确定夹紧机构类型与结构

根据夹紧机构要求，结合工序加工时夹紧力作用点和方向，确定夹紧机构类型与结构。

（四）设计夹紧机构零件

根据工件加工时受到切削力矩及切削力，设计螺栓直径等夹紧元件主要规格。

二、样例分析

图 3-27 所示为法兰盘工件，材料为 HT200，欲在其上加工 4×φ26H11 孔。根据工艺规程，本工序是最后一道机加工工序，采用钻模分两个工步加工，即先钻 φ24mm 孔，后扩至 φ26H11 孔，加工批量 5 件，试制定夹紧方案。

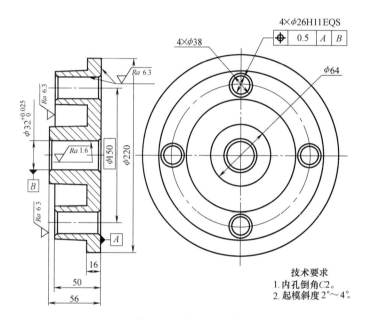

图 3-27　法兰盘工件

根据工件的加工要求，夹紧方案制定如下。

（一）确定定位基准

为保证加工要求，工件以 A 面作为主要定位基准，用支承板限制 3 个自由度，以短销与孔配合限制 2 个自由度，定位基准选择如图 3-28a 所示。

（二）确定夹紧力源

加工批量为 5 件，为简化夹紧机构，采用手动。

（三）确定夹紧力的作用点和方向

夹紧力的方向垂直主要定位基准面，作用点在工件边缘处，夹紧力作用点和方向如图 3-28a 所示。

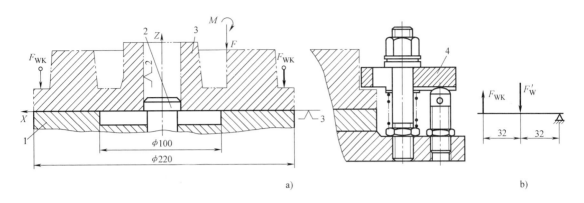

图 3-28　法兰盘夹紧方案

a）定位夹紧简图　b）受力图

1—支承板　2—定位销　3—工件　4—螺旋压板

（四）确定夹紧机构类型与结构

钻孔时钻削转矩对工件定位的影响最大，为保证夹紧可靠安全，拟采用螺旋压板夹紧机构。为保证夹紧可靠安全，拟采用两个螺旋压板。螺旋压板结构如图 3-28a 所示。

（五）设计夹紧机构零件

钻 $\phi24$mm 孔所需夹紧力比扩孔大，所以只需计算钻孔条件下的夹紧力。加工 $\phi24$mm 孔时，钻削进给力 F 与夹紧力同向，作用于定位支承面上，钻削转矩 M 使工件转动。为防止工件转动，夹具夹紧机构应有足够的摩擦力矩。

根据工件的材料，钻头直径 $d_0 = 20$mm，进给量 $f = 0.25$mm/r，根据《机械加工工艺手册》（机械工业出版社出版第 2 版第 2 卷）"钻、扩、铰孔切削用量及参数设计"，工件材料 HT200，得出钻削转矩 $M = 27.66$N·m。

根据静力平衡条件得，每个压板实际应输出的夹紧力为：$F_{WK} = \dfrac{KM}{2\mu r'}$，取安全系数 $K = 2$，工件与夹具的摩擦系数 μ 为 0.15，工件与定位基准面为圆环面接触，其当量半径为 r'，即

$$r' = \frac{1}{3}\left(\frac{D^3 - d^3}{D^2 - d^2}\right) = \frac{1}{3} \times \left(\frac{0.22^3 - 0.1^3}{0.22^2 - 0.1^2}\right)\text{m} = 0.0838\text{m},$$

$$F_{WK} = \frac{KM}{2\mu r'} = \frac{2 \times 27.66}{2 \times 0.15 \times 0.0838}\text{N} = 2200\text{N}$$

由图 3-28b 所示的杠杆比可知，螺母夹紧力为 2200×2N $= 4400$N。根据《现代夹具设计手册》（机械工业出版社/朱耀祥，浦林祥，2010）中表 3-25 "各种螺母夹紧力"，当手柄长为 190mm、手柄作用力为 100N 时，M16 螺母的夹紧力 F'_W 为 5230N。由于 $F_{WK} = 4400$N $< F'_W = 5230$N，因此，可采用 M16 螺栓。

对螺栓的强度进行校核。根据《现代夹具设计手册》（机械工业出版社/朱耀祥，浦林祥，2010）中 "各种直径螺栓的许用夹紧力及夹紧转矩"，当螺栓公称直径为 16mm 时，许用夹紧力为 10290N，因此，采用 M16 螺栓压板结构能满足加工要求。

任务实施

一、简述夹紧方案

_____

_____

二、确定夹紧力源

_____

三、标注钻孔工序夹紧力的作用点和方向（图 3-29）

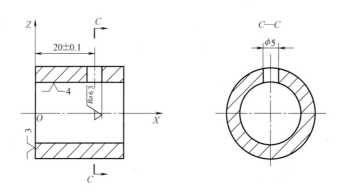

图 3-29　标注钻孔工序夹紧力

四、画出钻孔工序加工夹紧机构简图

五、设计夹紧机构零件

选择钻头直径及切削用量：_____

查《机械加工工艺手册》，得出钻削转矩：_____

_____

根据静力学平衡条件，夹紧力计算公式：_____取安

全系数：_____；取摩擦系数：_____

计算夹紧力大小：_____，根据《现代夹

具设计手册》各种螺母夹紧力，选用螺栓直径：_____

根据《现代夹具设计手册》中"各种直径螺栓的许用夹紧力及夹紧转矩"，校核螺栓直

径：_____

任务四　交流、评价、总结

任 务 目 标

1. 能根据学习任务评价表进行自评。
2. 能清楚地表达夹紧方案设计情况。
3. 能比较各组夹紧方案优劣。

一、分组展示

各组课前做好准备，将夹紧方案写在移动黑板上。

各组推荐一名同学表达。

各组发表对其他小组评价意见。

二、评价

教师对各组推荐夹紧方案进行点评，并根据表 3-1 对夹紧方案进行评价。

表 3-1　夹具夹紧方案制订评价表

序号	内　容	配分	评 分 要 求	自评	教师评价
1	是否符合夹紧机构的要求	20	对照夹紧机构设计要求要点		
2	夹紧力方向确定	10	对照夹紧力方向确定原则		
3	夹紧力作用点确定	10	对照夹紧力作用点确定原则		
4	夹紧力大小确定	10	对照夹紧力大小确定原则		
5	夹紧方案结构设计	20	夹紧方案设计合理、夹具结构力求简单，便于工件的正确定位与工人操作		
6	夹紧元件设计	15	夹紧元件设计应力求结构简单，便于加工，便于工件的安装、定位与夹紧，节省辅助时间		
7	职业规范性	10	遵守课堂纪律、正确使用设备及工量具、遵守安全操作规程		
8	团队合作	5	团队合作精神		

三、梳理总结

（一）夹具夹紧方案设计要点

_____

_____

_____

_____

（二）制订夹具夹紧方案方法与步骤

_____

_____

_____

_____

（三）学习心得体会

_____

_____

_____

_____

_____

>>>>>>>>

钻床夹具设计

学 习 目 标

1. 能指出钻床夹具各零件的作用。

2. 能自学遵守钻床安全操作规程，合理地使用钻床夹具对工件进行装夹、对刀。

3. 能识读工件加工工序图，并在师傅指导下完成工件加工。

4. 能描述典型钻床夹具的特点及适用场所。

5. 能分析钻床夹具位置误差产生的原因，并计算钻床夹具的位置误差。

6. 能合理地设计钻床夹具结构。

7. 能全面地分析钻床夹具精度，促进学生形成系统性思维。

8. 能正确地绘制钻床夹具总装配图及零件图，合理地标注尺寸、公差及技术要求，促进学生形成严谨、细致的工作作风。

9. 能根据学习任务评价表进行自评、互评。

10. 能进行良好的交流与合作。

建议学时

20 学时。

工作情境描述

图 4-1 所示为杠杆零件图，材料为 HT200，批量 $N=500$ 件，已完成 $\phi 30^{+0.033}_{0}$ mm 孔与端面的加工工序。杠杆加工工序图如图 4-2 所示，杠杆小孔加工工序卡片见表 4-1。现需完成钻削 $\phi 10^{+0.015}_{0}$ mm 孔的工序，采用 Z4112A 钻床，现制定钻削专用夹具方案，具体要求如下。

1) 工序分析。

2) 设计定位方案。

3) 设计夹紧方案。

4) 设计导引方案。

5) 分析夹具精度。

6) 绘制钻床夹具总装配图与零件图。

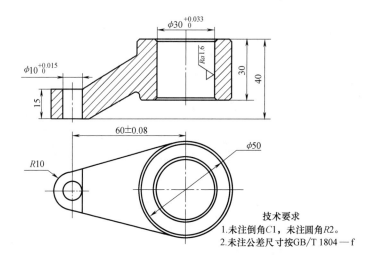

图 4-1　杠杆零件图

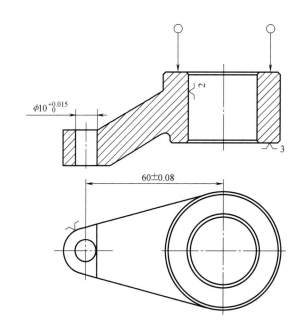

图 4-2　杠杆加工工序图

工作流程与任务

表 4-1　杠杆小孔加工工序卡片

零件名称	杠杆	零件工艺流程	1）铸造；2）铣侧面保证厚度；3）钻 $\phi 30^{+0.033}_{0}$ mm 底孔至 $\phi 29.8$mm；4）铰削至 $\phi 30^{+0.033}_{0}$ mm；5）铰 $\phi 10^{+0.015}_{0}$ mm 孔；6）入库质检		
零件图号	2018-0804				

第 5 道工序工序卡

车间		当前工序号	5	工序名称	钻铰 $\phi 10^{+0.015}_{0}$ mm 孔
毛坯种类	（钻）铸件	材料牌号	HT200	单位工时	<4min 置尺寸 60mm±0.08mm；6）入库质检 ；保证位

机床	名称	立式钻床
	型号	Z4112A
	编号	×××××

夹具图号		工具、刀具、量具	$\phi 9.8$mm 麻花钻、游标卡尺
夹具名称			$\phi 10^{+0.015}_{0}$ mm 铰刀、通止规
			专用检具

工步号	工步名称	进给量 /（mm/r）	转速 /（r/min）	机动时间 /min	辅助时间 /min
1	钻 $\phi 9.8$mm 孔，保证位置尺寸	手动进给	800	0.5	1
2	铰 $\phi 10^{+0.015}_{0}$ mm 孔，保证位置尺寸	手动进给	100	0.5	1
3	检查，拆卸工件				

任务一　实践感知——在钻床上使用夹具

任务目标

1. 能指出钻床夹具各零件的作用。
2. 能对指定工件在夹具中进行装夹。
3. 能识读工件加工工序图。
4. 能自觉遵守钻床安全操作规程，在教师指导下在钻床上完成工件加工。

任务描述

使用钻床夹具

图 4-3 所示为杠杆零件图，材料 HT200，中批量生产，已完成零件的轮廓及总厚加工工序、$\phi30^{+0.033}_{0}$mm 孔的铰削工序，现需完成 $\phi5$mm 孔的钻削工序，采用 Z4112A 钻床，钻 $\phi5$mm 孔加工工序卡片见表 4-2，该任务要求学生在教师指导下完成工件装夹、钻套安装等准备工作并操作机床完成加工。通过加工回答以下问题。

1）指出夹具各零件作用。
2）工件在钻床夹具中如何进行定位？
3）工件在夹具中如何夹紧？
4）夹具与钻床如何连接？
5）工件如何实现导引对刀？
6）影响夹具位置精度的因素有哪些？
7）影响夹具对刀精度的因素有哪些？

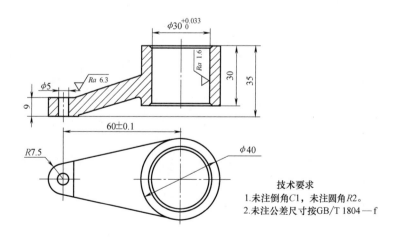

技术要求
1. 未注倒角C1，未注圆角R2。
2. 未注公差尺寸按GB/T 1804—f

图 4-3　杠杆零件图

表 4-2　钻 φ5mm 孔加工工序卡片

零件名称	杠杆	零件工艺流程	1）铸造；2）铣侧面保证厚度；3）钻 $\phi30^{+0.033}_{0}$ mm 底孔至 $\phi29.8$ mm；4）铰削至 $\phi30^{+0.033}_{0}$ mm；5）钻 $\phi5$ mm 孔，保证位置尺寸 60 ± 0.1 mm；6）入库质检			工序名称	钻孔
零件图号	2018-0803					单位工时	<2min

第 5 道工序卡

车间	（钻）	当前工序号	5			名称	立式钻床
毛坯种类	铸件	材料牌号	HT200	机床		型号	Z4112A
						编号	040201

			夹具图号				工具、刀具、量具
			夹具名称				$\phi5$ mm 麻花钻、游标卡尺
							专用检具

工步号	工步名称	进给量 /（mm/r）	转速 /（r/min）	机动时间 /min	辅助时间 /min
1	钻 $\phi5$ mm 孔，保证位置尺寸	手动进给	800	0.5	1
2	检查、拆卸工件				

一、准备

请你按照图 4-4 所示准备好实训用相关劳保用品，按照图 4-5 所示准备好实训用相关工量具；根据表 4-2 所示的加工工序卡片，读懂加工工艺及要求；熟悉并使用量具量取专用夹具的相关尺寸，同时需及时熟悉 Z4112A 钻床，进而判断一下夹具是否可以安装在 Z4112A 钻床上用于加工？

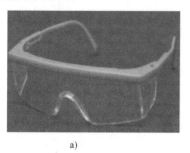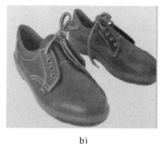

a)   b)   c)

图 4-4　实训用相关劳保用品

a）防护眼镜　b）防砸鞋　c）实训服

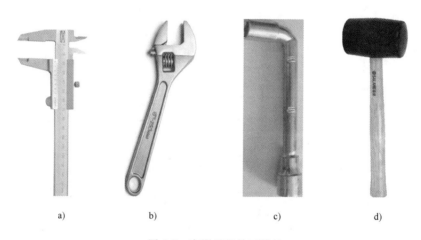

a)   b)   c)   d)

图 4-5　实训用相关工量具

a）游标卡尺　b）活动扳手　c）套筒扳手　d）橡胶榔头

二、实施步骤

请按照以下步骤操作，进而在教师的指导下完成工件的钻削工序加工内容，最后需将每一个步骤具体内容填写在下划线处。

（1）安装夹具　　　　　　　　　　　　　　（2）安装工件

（3）安装钻套

（4）安装刀具

（5）合理选择切削用量

（6）根据工艺进行加工

三、回答问题

1）针对钻床夹具实物，在表4-3中写出该夹具各零件的作用。

表4-3　夹具各零件的作用

序号	名　称	作　　用
1		
2		
3		
4		
5		
6		
7		
8		
9		
10		

2）工件在该夹具中如何实现定位？

① 选择定位基准。

② 选择定位元件。

③ 分析各定位元件所限定的自由度。

3）该夹具如何对工件实现夹紧？

① 夹紧机构类型。

② 夹紧原理。

4）该夹具是否需要与 Z4112A 钻床进行连接？

_____

_____

5）通过分析与使用，你认为该夹具影响位置精度的因素有哪些？

_____

_____

_____

6）在加工前，你是如何进行对刀的？

_____

_____

7）你认为影响夹具对刀精度的因素有哪些？

_____

_____

任务二 相关知识学习

任 务 目 标

1. 了解钻床夹具的类型与特点。
2. 了解钻床夹具的设计要点。
3. 能分析钻床夹具对刀误差的产生原因。
4. 能合理地确定钻套形式及对刀位置尺寸。

在钻床上进行孔的钻、扩、铰、锪及攻螺纹时用的夹具，称为钻床夹具，俗称为钻模。钻床夹具上均设置钻套和钻模板，用以引导刀具。钻床夹具主要用于加工中等精度、尺寸较小的孔或孔系。使用钻床夹具可提高孔及孔系间的位置精度，其结构简单、制造方便，因此钻床夹具在各类机床夹具中所占的比重较大。

一、钻床夹具的类型与特点

钻床夹具的类型很多，有回转式、固定式、移动式、翻转式、盖板式和滑柱式等。

（一）回转式钻床夹具

如图 4-6 所示，加工同一圆周上的平行孔系、同一截面内径向孔系或同一直线上的等距孔系时，钻床夹具上应设置分度装置。带有回转式分度装置的钻床夹具称为回转式钻床夹具。

（二）固定式钻床夹具

图 4-7 所示为固定式钻床夹具。在使用的过程中，固定式钻床夹具在机床上的位置是固定不动的，其主要用于立式钻床上加工直径大于 10mm 的单孔，或在摇臂钻床上加工较大的平行孔系。

（三）移动式钻床夹具

这类钻床夹具用于钻削中、小型工件同一表面上的多个孔。移动式钻床夹具如图 4-8 所示，使用时可沿钻床工作台面移动，让钻头通过钻套进行钻孔加工。

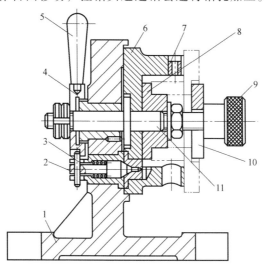

图 4-6 回转式钻床夹具

1—夹具体 2—对定销 3—横销 4—螺套 5—手柄 6—转盘 7—钻套 8—定位件

9—滚花螺母 10—开口垫圈 11—转轴

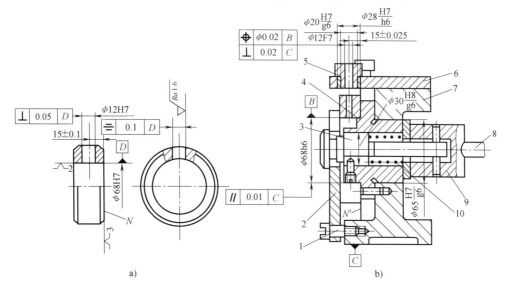

a)   b)

图 4-7 固定式钻床夹具

a) 加工孔的工序图 b) 固定式钻床夹具装配示意图

1—螺钉 2—转动开口垫圈 3—拉杆 4—定位法兰 5—快换钻套 6—钻模板

7—夹具体 8—手柄 9—圆偏心凸轮 10—弹簧

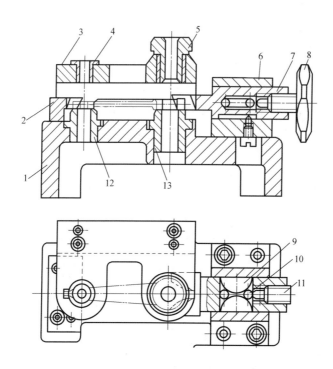

图 4-8　移动式钻床夹具

1—夹具体　2—固定 V 形块　3—钻模板　4、5—钻套　6—支座　7—活动 V 形块

8—手轮　9—半圆键　10—钢球　11—螺钉　12、13—定位套

（四）翻转式钻床夹具

翻转式钻床夹具主要用于加工中、小型工件上分布在不同表面上的孔，如图 4-9 所示，工件以内孔及端面用快换垫圈 2、螺母 3 夹紧，加工工件上夹角为 60°的两组孔系后，翻转钻床夹具加工另一组孔系。

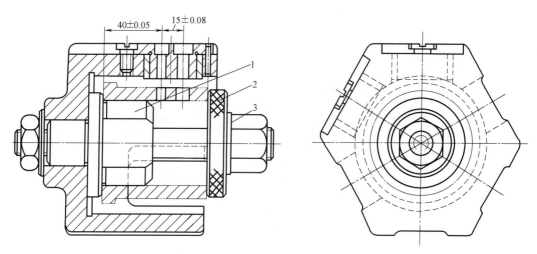

图 4-9　翻转式钻床夹具

1—定位销　2—快换垫圈　3—螺母

（五）盖板式钻床夹具

为加工车床溜板箱上的孔系而设计的盖板式钻床夹具，如图 4-10 所示。这种钻床夹具没有夹具体，使用时钻床夹具像盖子一样盖在工件上，定位元件、夹紧机构都安装在钻模板上。

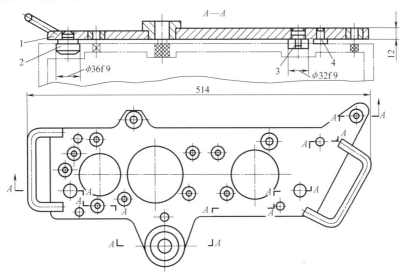

图 4-10　盖板式钻床夹具

1—钻模板　2—圆柱销　3—削边销　4—支承钉

（六）滑柱式钻床夹具

滑柱式钻床夹具是带有升降钻模板的通用可调夹具，如图 4-11 所示。该钻床夹具的钻

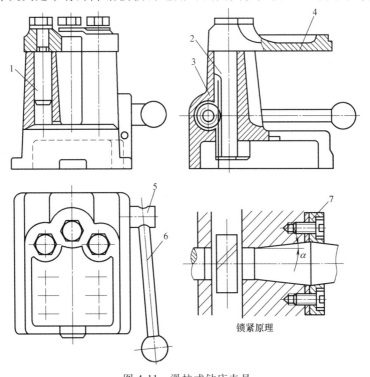

图 4-11　滑柱式钻床夹具

1—滑柱　2—齿条滑柱　3—夹具体　4—钻模板　5—齿轮轴　6—手柄　7—套环

模板与钻模本体通过两滑柱确定相互位置，通过圆柱斜齿轮、斜齿轮条传递运动，圆柱斜齿轮轴上设计有两相反方向圆锥体，用于夹紧、松开工件时钻模板的锁紧，通过垫圈可调整锁紧间隙。

工厂提示

钻床夹具类型的选择如下。

1）在立式钻床上加工直径小于10mm的小孔或孔系、钻床夹具质量小于15kg时，一般采用移动式钻床夹具。

2）在立式钻床上加工直径大于10mm的单孔，或在摇臂钻床上加工较大的平行孔系，或钻床夹具质量超过15kg时，加工精度要求高时，一般采用固定式钻床夹具。

3）翻转式钻床夹具适用于加工中、小型工件，包括工件在内所产生的总重力不宜超过100N。

4）对于孔的垂直度和孔距要求不高的中、小型工件，有条件时宜优先采用滑柱式钻床夹具。

5）对于钻模板和夹具体为焊接式的钻床夹具，因焊接应力不能彻底消除，精度不能长期保持，故一般在工件孔距公差要求不高（大于±0.1mm）时才采用。

6）床身、箱体等大型工件上的小孔加工一般采用盖板式钻床夹具。

二、钻床夹具的设计要点

（一）钻套

钻套是安装在钻模板或夹具体上的元件，其作用是用来确定工件上被加工孔的位置，引导刀具进行加工，并提高刀具在加工过程中的刚性和防止加工中的振动。

1. 钻套类型

钻套可分为标准钻套和特殊钻套两大类。其中标准钻套又分为固定钻套、可换钻套和快换钻套三种，如图4-12所示。固定钻套（JB/T 8045.1—1999）、可换钻套（JB/T 8045.2—1999）、快换钻套（JB/T 8045.3—1999），具体结构尺寸分别见附表12~附表14。因工件的形状或被加工孔的位置需要而不能使用标准钻套时，需自行设计钻套，此种钻套称为特殊钻套。常见的特殊钻套如图4-13所示。

2. 钻套的尺寸、公差

一般钻套导向孔的公称尺寸取刀具的最大极限尺寸，钻孔时其公差取F7或F8，粗铰孔时公差取G7，精铰孔时公差取G6。

若被加工孔为基准孔（如H7、H9）时，钻套导向孔的公称尺寸可取被加工孔的公称尺寸，钻孔时其公差取F7或F8，铰H7孔时取F7，铰H9孔时取E7。

钻套的高度H增大时，则导向性能好，刀具刚度提高，加工精度高，但钻套与刀具的磨损加剧。一般取$H=(1~2.5)d$。

排屑空间h是指钻套底部与工件表面之间的空间。增大h值，排屑方便，但刀具的刚度和孔的加工精度都会降低。钻削易排屑的铸铁时，常取$h=(0.3~0.7)d$；钻削较难排屑的钢件时，常取$h=(0.7~1.5)d$；工件精度要求高时，可取$h=0$，使切屑全部从钻套中排出。

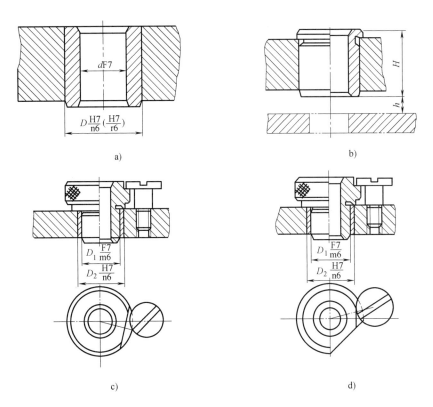

图 4-12　标准钻套

a）A 型固定钻套　b）B 型固定钻套　c）可换钻套　d）快换钻套

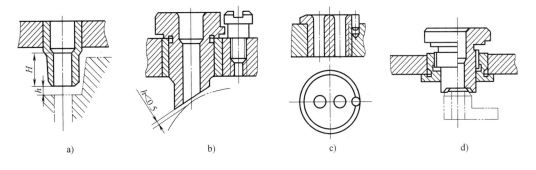

图 4-13　常见的特殊钻套

a）加长钻套　b）斜面钻套　c）小孔距钻套　d）可定位、夹紧钻套

工厂提示

钻套的材料可参看《现代夹具设计手册》。

1）当钻套孔径 $d \leqslant 26\text{mm}$ 时，用 T10A 钢制造，热处理硬度为 58~64HRC。

2）当钻套孔径 $d > 26\text{mm}$ 时，用 20 钢制造，渗碳深度为 0.8~1.2mm，热处理硬度为 58~64HRC。

（二）钻模板

1. 固定式钻模板

固定在夹具体上的钻模板称为固定式钻模板，如图 4-14 所示。

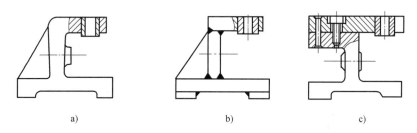

图 4-14　固定式钻模板

a）钻模板与夹具体铸成一体　b）钻模板与夹具体焊接成一体　c）用螺钉和销连接

2. 铰链式钻模板

当钻模板妨碍工件装卸或钻孔后需加工螺纹时，可采用如图 4-15 所示的铰链式钻模板。

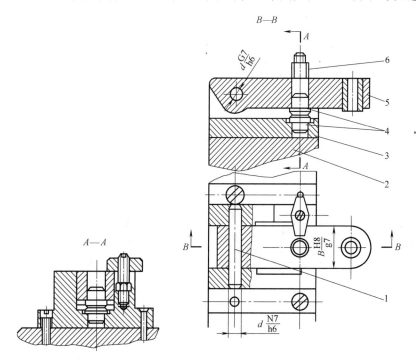

图 4-15　铰链式钻模板

1—铰链销　2—夹具体　3—铰链座　4—支承钉　5—钻模板　6—菱形销

3. 可卸式钻模板

如图 4-16 所示，可卸式钻模板是指钻模板与夹具体分离，钻模板在工件上定位，并与工件一起装卸。使用这类钻模板时，装卸较费力，且位置精度低。故当其他钻模板不便于装夹工件时才采用可卸式钻模板。

4. 悬挂式钻模板

图 4-17 所示为悬挂式钻模板，在立式钻床上用多轴传动头加工平行孔系时，钻模板连

接在机床主轴的传动箱上，随机床主轴上下移动，靠近或离开工件。

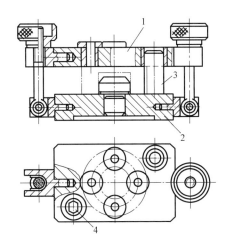

图 4-16 可卸式钻模板

1—钻模板 2—夹具体 3—圆柱销 4—菱形销

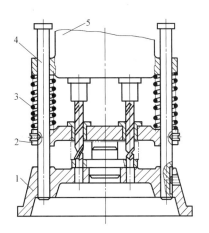

图 4-17 悬挂式钻模板

1—底座 2—钻模板 3—弹簧 4—导向滑柱 5—横梁

工厂提示

设计钻模板时应注意以下几点。

1）钻模板上安装钻套的孔之间及孔与定位元件的位置应有足够的精度。

2）钻模板应具有足够的刚度，以保证钻套位置的准确性，但又不能设计得太厚太重。注意布置加强肋以提高钻模板的刚度。钻模板一般不应承受夹紧反力。

3）为保证加工的稳定性，悬挂式钻模板导柱上的弹簧力必须足够，以便钻模板在夹具上能够维持足够的定位压力。

（三）钻床夹具对刀误差 Δ_{jd} 的计算

如图 4-18 所示，刀具与钻套的最大配合间隙 X_{max} 的存在会引起刀具的偏斜，将导致加工孔的偏移量 X_2，即

$$X_2 = \frac{B+h+H/2}{H} X_{max}$$

式中　B——工件厚度；

　　　H——钻套高度；

　　　h——排屑空间的高度。

工件厚度大时，按 X_2 计算对刀误差，$\Delta_{jd} = X_2$；工件薄时，按 X_{max} 计算对刀误差，$\Delta_{jd} = X_{max}$。

实践证明，用钻床夹具钻孔时加工孔的偏移量远小于上述理论值。加工孔时，孔径 D' 大于钻头直径 d，由于钻套孔径 D 的约束，一般情况下 $D' = D$，即加工孔中心实际上与钻套中心重合，因此 Δ_{jd} 趋于零。

（四）夹具的对定

工件的定位确定了工件相对于夹具的位置，而工件

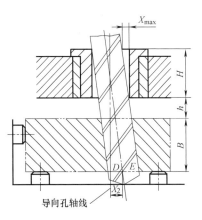

图 4-18 钻床夹具对刀误差

相对于刀具及切削成形运动的位置还需要通过夹具的对定来实现。

夹具的对定包括三个方面：一是夹具的定位，即通过夹具定位表面与机床配合和连接，确定夹具相对于机床所要完成的切削成形运动的位置；二是夹具的对刀或刀具的导向，即确定夹具相对于刀具的位置；三是分度定位，即在分度或转位夹具中，确定各加工面间的相对位置关系。

图 4-19 所示为铣削键槽夹具在机床上的定位。

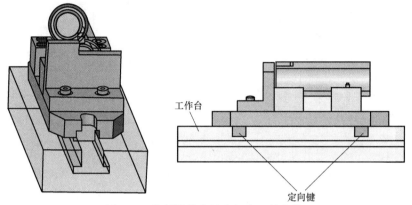

图 4-19　铣削键槽夹具在机床上的定位

（五）夹具图的绘制

一般来说，夹具的设计可分为前期准备、制订结构方案、绘制夹具总装配图、绘制夹具零件图四个阶段。在夹具的各局部结构和总体方案确定后，即可着手夹具总装配图绘制工作。

1. 夹具总装配图的绘制内容和要求

要绘制夹具总装配图，首先要明确其绘制内容。夹具总装配图的绘制内容如图 4-20 所示。

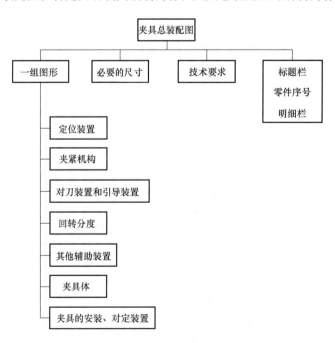

图 4-20　夹具总装配图的绘制内容

在明确了夹具总装配图的绘制内容后，设计者还需明确夹具总装配图的绘制要求。一般情况下，夹具总装配图的绘制要求见表4-4。

表4-4 夹具总装配图的绘制要求

绘制要求	相关说明
图样绘制应符合国家制图标准要求	制图必须合乎标准，尤其对于一些常用简化画法、标准件的画法及有关制图方面的最新标准，应严格遵守执行
尽量采用1∶1的绘图比例	用1∶1的绘图比例，可使较为复杂的结构设计具有较好的直观性，也为直接绘制图样和后阶段拆画零件提供方便
主视图选择应合理	视图安排，以能清楚地表达结构、装配关系为原则，并留出零件明细栏、标题栏和装配技术要求的空间位置，主视图一般按照夹具的安装方向，选择面向操作者的视图，或最能反映内部装配结构、动作原理的方向绘制
反复进行局部结构的调整和完善	在一些重要的结构参数（如轴径）没有确定之前，夹具的总体结构设计只是一个临时性的方案。一些详细结构，还有待于后面的计算参数、标准件的结构尺寸的支持，才能最后确定。总装配图的设计过程，往往是边设计、边计算、边查表、边修改的反复调整过程

2. 夹具总装配图的绘制步骤

夹具总装配图的绘制步骤如下。

（1）绘制工件视图的外轮廓线 用双点画线（或红色细实线）绘出工件视图的外轮廓线和工件上的定位、夹紧以及被加工表面。

（2）由里向外绘制各部分结构 将工件假想为透明体，即工件和夹具的轮廓线互不遮挡，然后按照工件的形状和位置，依此画出定位元件、对刀-引导元件、夹紧机构、力源装置及其他辅助元件（如夹紧机构的支柱和支承板、弹簧以及用来紧固各零件的螺钉和销等）的具体结构，最后绘制出夹具体，把夹具的各部分连成一个整体。

（3）标注总装配图上的尺寸、公差配合和技术要求 夹具总装配图上尺寸、公差配合和技术要求的标注，是夹具设计过程中一项重要内容。因为它们与夹具的制造、装配、检验及安装有着密切的关系，直接影响夹具的制造难度和经济效益，所以必须予以合理标注。

夹具总装配图上应标注的尺寸见表4-5。

表4-5 夹具总装配图上应标注的尺寸

尺寸类型	相关说明
夹具外形的最大轮廓尺寸（A类尺寸）	长、宽、高尺寸（不包含被加工工件、定位键），当夹具结构中有可动部分时，应包括可动部分处于极限位置时在空间所占的尺寸
工件与定位元件的联系尺寸（B类尺寸）	把工件顺利装入夹具所涉及的尺寸，与工件尺寸相关。一是工件与定位元件的配合尺寸，配合标注或只标定位元件的尺寸；二是定位元件之间的位置尺寸
夹具与刀具的联系尺寸（C类尺寸）	这类确定夹具上对刀、引导元件对定位元件的位置，如铣床中对刀块与定位元件间的位置尺寸及塞尺尺寸；钻床夹具中钻套与刀具引导部分的配合尺寸及它们与定位元件间的位置尺寸
夹具与机床的联系尺寸（D类尺寸）	把夹具顺利装入机床所涉及的尺寸，与机床尺寸相关 车夹具：夹具与车床主轴端部圆柱面配合的配合尺寸 铣夹具：定位键与铣床T形槽的配合尺寸
其他装配尺寸（E类尺寸）	在上述几类尺寸之外的装配尺寸。一是夹具内部的配合尺寸；二是有相互位置要求的装配尺寸

总装配图上的公差配合一般根据已有的经验数据用比较法来确定。夹具尺寸公差按与工件加工尺寸公差是否直接相关分为两类，其确定原则见表4-6。夹具上常用配合的选择见附表16。

表 4-6　夹具尺寸公差的确定原则

尺 寸 类 型	相 关 说 明
夹具尺寸公差直接与加工尺寸公差有关	夹具尺寸公差可取相应尺寸公差的1/5～1/2,常用的比值范围为1/3～1/2。具体选用时要结合工件的加工精度要求、生产批量的大小等因素综合考虑 在标注与加工尺寸直接相关的夹具尺寸时,一般应将工件的加工尺寸换算成平均尺寸作为夹具相应尺寸的公称尺寸,然后再将经确定的尺寸公差值按双向对称分布公差值标注
夹具尺寸公差与加工尺寸公差无直接关系	这类尺寸表示夹具中各元件间的相互配合性质,应按其在夹具中的功用与装配要求选用,如导向元件(如钻套)与刀具的配合,定位元件与夹具体的配合等 这类尺寸公差一般可以参照有关夹具设计手册选取

（4）完成夹具组成的零件、标准件编号，编写夹具装配零件明细栏

任务三　样例学习

任 务 目 标

1. 能分析定位形式及定位元件所限定工件的自由度。
2. 能分析夹紧机构选择的合理性。
3. 能分析钻床夹具结构设计、公差配合的合理性。
4. 学会全面地分析钻床夹具精度，促进学生形成系统性思维。
5. 能分析钻床夹具总装配图尺寸标注、公差配合及技术要求的合理性。

任务描述

图 4-3 所示为杠杆零件图，材料 HT200，中批量生产，已完成零件的轮廓及总厚加工工序、$\phi30^{+0.033}_{0}$mm 孔的铰削工序，现需完成 $\phi5$mm 孔的钻削工序，采用 Z4112A 钻床，钻 $\phi5$mm 孔加工工序卡片见表 4-2，现制定钻削专用夹具方案。具体要求如下：①工序分析；②设计定位方案；③设计夹紧方案；④设计夹具与钻床连接装置；⑤分析夹具精度；⑥绘制夹具总装配图。

一、夹具设计前准备

（一）准备设计资料

收集机械加工工艺卡等夹具设计的生产制造原始资料，收集《机床夹具设计手册》《机械加工工艺手册》等工具书。

（二）进行实际调查

深入生产实际，了解工件材料及上道工序加工情况，了解 Z4112A 钻床操作性能，了解本工序加工使用的工具，了解库存夹具通用配件的情况等。

二、任务分析

通过任务描述、钻 $\phi5$mm 孔加工工序卡片的学习，可以得到以下信息。

1）该零件为异形零件，材料为 HT200，强度较好，结构较复杂。

2）零件外形尺寸较小，本工序钻 ϕ5mm 孔，钻孔切削力较小，夹紧力要求不高。

3）该零件除 ϕ5mm 孔未加工外，其余表面均已完成加工，本工序孔径要求不高但加工位置精度有一定要求，在设计夹具时，其精度和复杂程度不宜太高，尽可能以降低制作成本为出发点。

4）该零件为中批量生产，本工序完成单一直径钻孔。

5）本工序加工质量要求：孔形状尺寸 ϕ5mm，位置尺寸 60mm±0.1mm，表面粗糙度值为 $Ra6.3\mu m$。

三、设计定位方案

（一）定位基准分析

从加工工序卡片可知：$\phi30^{+0.033}_{0}$mm 孔底平面定位限制 3 个自由度，孔 $\phi30^{+0.033}_{0}$mm 定位限制 2 个自由度，R7.5mm 轮廓定位限制 1 个自由度。基准选择遵循基准重合原则。

（二）限制自由度分析

限制自由度分析如图 4-21 所示。

1）ϕ5mm 孔形状尺寸由定尺寸刀具保证。

2）保证位置尺寸 60mm±0.1mm，需要限制 $\vec{X}$、$\widehat{Y}$。

3）保证 ϕ5mm 孔与 $\phi30^{+0.033}_{0}$mm 孔底面垂直度，需要限制 $\widehat{X}$、$\widehat{Y}$。

4）保证 ϕ5mm 孔的壁厚均匀，需要限制 $\vec{Y}$、$\widehat{Z}$。

工件为通孔，沿 Z 方向自由度理论上不需要消除，但实际上工件以 $\phi30^{+0.033}_{0}$mm 孔底面定位时，必须消除该方向的自由度，因此，应按照完全定位消除工件自由度。

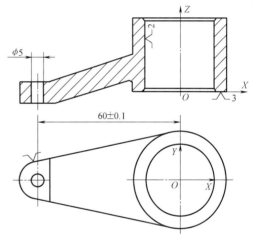

图 4-21　限制自由度分析

（三）定位方案设计

根据工序图要求，按照基准重合的原则，采用工件以大头 $\phi30^{+0.033}_{0}$mm 孔和端面在定位销上定位，活动 V 形块将小头外圆对中的定位方案。定位销限制 $\vec{X}$、$\vec{Y}$；端面限制 $\vec{X}$、$\widehat{X}$、$\widehat{Y}$；活动 V 形块限制 $\widehat{Z}$。综合结果限制了六个自由度，满足加工要求。

定位基准内孔的尺寸为 ϕ30H8，选与心轴定位销配合为 $\phi30\dfrac{H8}{g7}$，零件的内孔深为 30mm，取心轴定位销与孔配合部分轴向尺寸为 25mm。定位元件布置如图 4-22 所示。活动 V 形块的结构尺寸参照《现代夹具设计手册》或本书附表 9，V 形块与工件接触圆柱面半径为 R7.5mm 查得槽深 $h_1=7$mm，底槽宽 $b=4$mm，上口宽 $N=14$mm。工件与心轴定位销可选用 45 钢，V 形块选用 20 钢，并对工作表面进行渗碳淬火处理。

（四）定位误差分析

对于位置尺寸 60mm±0.1mm：

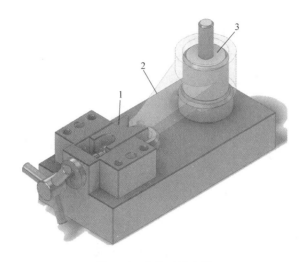

图 4-22　定位元件布置

1—V 形块　2—工件　3—心轴定位销

$$\Delta_{jb} = 0$$

孔 $\phi30H8$ 与定位销配合 $\phi30\dfrac{H8}{g7}$，查《机械设计手册》，得知：$\phi30H8$（$^{+0.033}_{0}$），

$\phi30g7$（$^{-0.007}_{-0.028}$）。在活动 V 形块作用下，孔 $\phi30H8$ 与定位销为单边固定接触。

$$\Delta_{db} = \frac{1}{2}X_{max} = \frac{1}{2}\times(0.033mm+0.028mm) = 0.031mm$$

$$\Delta_{dw} = \Delta_{db} = 0.031mm$$

允许定位误差：$\dfrac{T}{3} = \dfrac{0.2mm}{3} = 0.067mm$

由于，$\Delta_{dw} = 0.031mm < \dfrac{T}{3} = 0.067mm$

结论：该定位方案满足加工可行。

四、设计夹紧方案

由于工件批量小，宜采用简单手动装置。杠杆的轴向刚度比径向刚度好，因此夹紧力应指向台阶面。如图 4-23 所示，在大端用螺旋压板夹紧机构和开口垫圈将工件压紧。调节螺杆以球形端面与活动 V 形块相接，由于加工位置与夹紧位置距离较大，设置辅助支承。

五、设计导引方案

根据中批量生产的要求，同时考虑本工序只是钻孔，为提高对刀精度，采用固定钻模板、固定钻套的方案，如图 4-23 和图 4-24 所示。

（一）确定钻套导引孔内径尺寸 d

$\phi5mm$ 麻花钻公差带查阅《现代夹具设计手册》或附表 17，得 $\phi5h8$（$^{0}_{-0.018}$），根据关于钻套导引孔的选择原则，确定钻套导引孔内径尺寸 d 为 $\phi5F7$（$^{+0.022}_{+0.010}$）。固定钻套结构尺

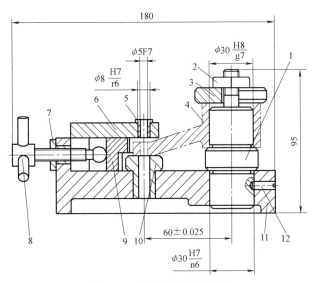

图 4-23　夹紧导引方案设计

1—心轴定位销　2—螺母　3—开口垫圈　4—工件　5—钻套　6—钻模板
7—螺母　8—调节螺杆　9—V形块　10—辅助支承　11—夹具体　12—锁紧螺钉

寸查阅《现代夹具设计手册》，结构如图 4-24 所示，其中 $H = 12\text{mm}$，钻套与钻模板的配合查取 $\phi 8\dfrac{H7}{r6}$。

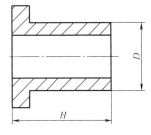

图 4-24　固定钻套结构

（二）确定钻套位置尺寸 L

钻套左右方向位置尺寸的基准为圆柱定位销中心线，钻套位置尺寸直接与工序位置尺寸相关，所以 $L = 60\text{mm} \pm 0.1\text{mm}/4 = 60\text{mm} \pm 0.025\text{mm}$。

（三）对刀误差 Δ_{jd} 计算

根据任务二论述可知，工件厚度大时，按 X_2 计算对刀误差，$\Delta_{jd} = X_2$；工件薄时，按刀具与钻套的最大配合间隙 X_{max} 计算对刀误差，$\Delta_{jd} = X_{max}$，该杠杆零件钻 $\phi 5\text{mm}$ 孔属于薄件，因此，$\Delta_{jd} = X_{max}$。已知，钻套导引孔内径尺寸 d 为 $\phi 5F7$ $\binom{+0.022}{+0.010}$，麻花钻 $\phi 5h8$ $\binom{0}{-0.018}$，得 $\Delta_{jd} = X_{max} = 0.022\text{mm} - (-0.018\text{mm}) = 0.04\text{mm}$。

六、设计夹具与钻床连接装置

（一）夹具与钻床的连接

移动式钻床夹具是通过夹具体与钻床工作台面直接接触即可。此时取定位端面所在工作面与夹具体底面平行度误差≤0.02mm：100mm。

（二）夹具位置误差 Δ_{jw} 计算

由于钻套的定位尺寸公差为 $60\text{mm} \pm 0.025\text{mm}$，则夹具位置误差为
$$\Delta_{jw} = 0.025 - (-0.025)\text{mm} = 0.05\text{mm}$$

七、分析夹具精度

对于加工要求 $60\text{mm} \pm 0.1\text{mm}$：$\Delta_{dw} = 0.031\text{mm}$，$\Delta_{jd} = 0.04\text{mm}$，$\Delta_{jw} = 0.05\text{mm}$，得：

$$\sqrt{\Delta_{dw}^2 + \Delta_{jw}^2 + \Delta_{jd}^2} = \sqrt{0.031^2 + 0.04^2 + 0.05^2}\,mm \approx 0.071\,mm < \frac{2 \times 0.2}{3}\,mm = 0.133\,mm$$

因此，该夹具精度满足加工要求。

八、设计夹具体

钻孔钻床夹具采用铸造夹具体，材料选用 HT200，进行时效处理。夹具体底面作为安装基准面。

九、绘制夹具总装配图与零件图

（一）绘制总装配图

钻床夹具结构

根据钻床夹具总体结构设计要求，结合前面钻床夹具各部分结构及尺寸，绘制夹具总装配图，如图 4-25 所示。

（二）尺寸、技术要求标注

1. 尺寸

最大外形轮廓尺寸（A 类尺寸）：长、宽、高为 180mm、70mm、95mm。

工件与定位元件的联系尺寸（B 类尺寸）：$\phi30\dfrac{H8}{g7}$、60mm±0.025mm。

夹具与刀具的联系尺寸（C 类尺寸）：$\phi5F7$。

2. 技术要求

定位端面等高误差≤0.02mm。

定位端面所在工作面与夹具体底面平行度误差≤0.02mm：100mm。

定位销对夹具体底面垂直度误差≤ϕ0.05mm：100mm。

钻套中心线与夹具体底面垂直度误差≤ϕ0.05mm：100mm。

安装钻模板时采用调整法，保证钻套位置尺寸 60mm±0.025mm。

尺寸、技术条件标注如图 4-25 所示。

3. 编写零件明细栏

按照机械制图国家标准的规定，需对夹具总装配图中的各个零件进行编号，在标题栏上方画出零件明细栏，并填写具体信息，如图 4-25 所示。

4. 绘制夹具零件图

根据夹具总装配图，拆画非标准夹具零件图。由图 4-25 可知，夹具体、钻模板、心轴定位销、V 形块、调节螺杆、螺套、辅助支承、开口垫圈、属于非标准零件，应拆画其零件图，具体如图 4-26 ~ 图 4-33 所示。

钻模板上供安装固定钻套的孔的尺寸，由总装配图相关配合拆得；两个销孔 $2 \times \phi6\dfrac{H7}{n6}$ 与夹具体销孔配铰，钻模板底孔中心线对底面垂直度误差取钻套中心线与夹具体底面垂直度误差 ϕ0.05mm：100mm 的 1/2 约为 ϕ0.02mm：100mm。

夹具体上供安装心轴定位销的孔的直径，由总装配图相关配合拆得。

十、夹具使用说明

使用本夹具前，需先在钻床工作台上找正，即在钻床主轴锥孔装入 ϕ5mm 的量棒，移动钻床夹具，让量棒顺利伸入钻套，再用螺栓压板压紧夹具，方可对工件进行加工。

绘制钻床
专用夹具
装配图

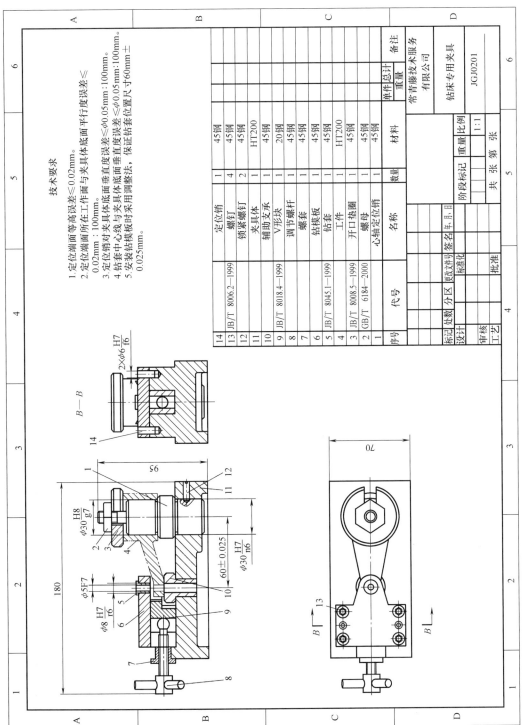

图 4-25 钻床夹具总装配图

技术要求

1.定位销端面等高误差≤0.02mm。
2.定位端面所在工作面与夹具体底面平行度误差≤0.02mm：100mm。
3.定位销对夹具体底面垂直度误差≤φ0.05mm：100mm。
4.钻套中心线与夹具体底面垂直度误差≤φ0.05mm：100mm。
5.安装钻模时采用调整法，保证钻套位置尺寸60mm±0.025mm。

序号	代号	名称	数量	材料	备注
14		定位销	1	45钢	
13	JB/T 8006.2—1999	螺钉	4	45钢	
12		锁紧螺钉	2	45钢	
11		夹具体	1	HT200	
10		辅助支承	1	45钢	
9	JB/T 8018.4—1999	V形块	1	20钢	
8		调节螺杆	1	45钢	
7		螺套	1	45钢	
6		钻模板	1	45钢	
5	JB/T 8045.1—1999	钻套	1	HT200	
4		工件	1		
3	JB/T 8008.5—1999	开口垫圈	1	45钢	
2	GB/T 6184—2000	螺母	1	45钢	
1		心轴定位销	1	45钢	

标记	处数	分区	更改文件号	签名	年、月、日					
设计			标准化			阶段标记	重量	比例	单件 总计	
审核										常青藤技术服务有限公司
工艺			批准			共 张 第 张		1：1	重量	钻床专用夹具
										JGJ0201

$\frac{H7}{f6}$
$2\times\phi6$

B—B

180

95

$\phi30\frac{H8}{g7}$

60 ± 0.025

$\phi30\frac{H7}{n6}$

$\phi5F7$

$\phi8\frac{H7}{r6}$

70

绘制夹具
体零件图

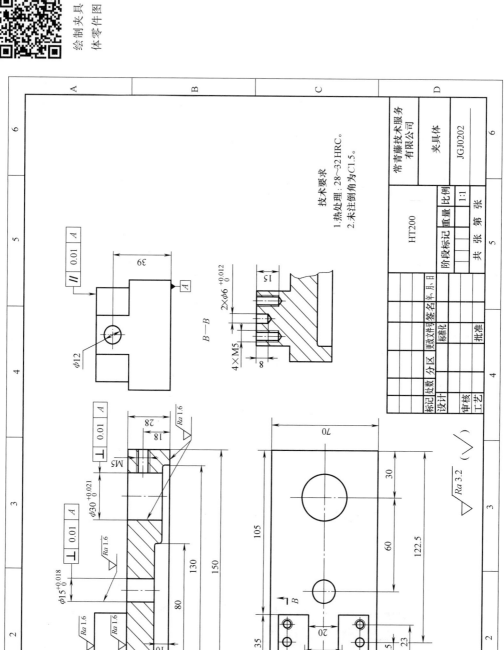

图 4-26 夹具体

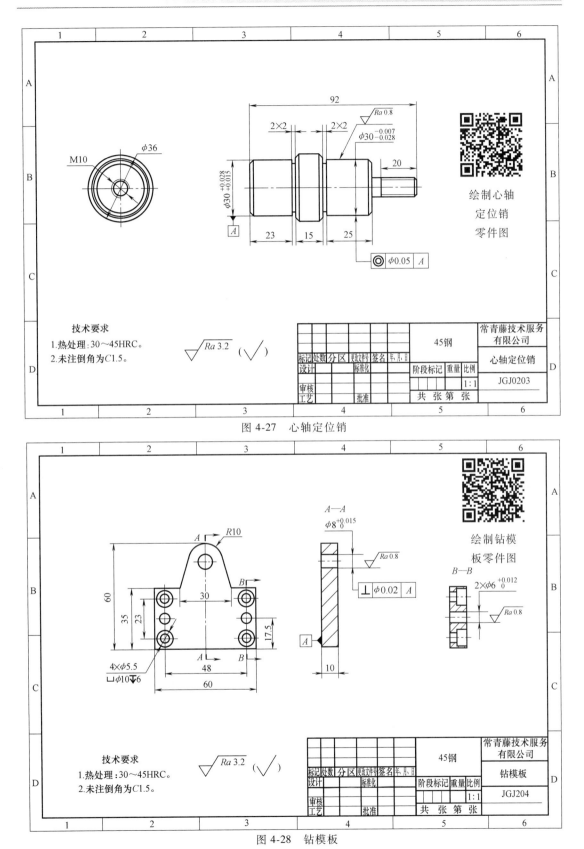

图 4-27　心轴定位销

图 4-28　钻模板

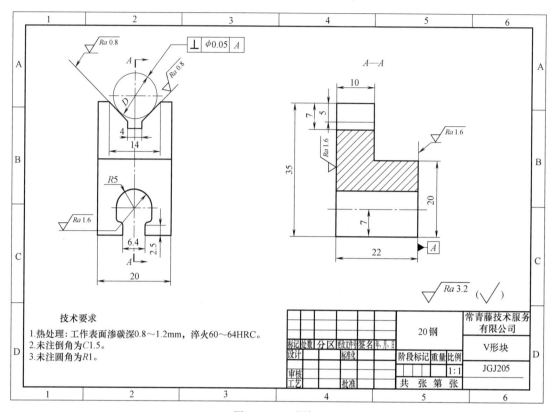

图 4-29 V 形块

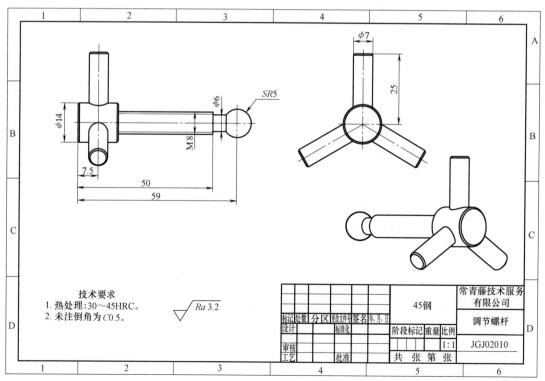

图 4-30 调节螺杆

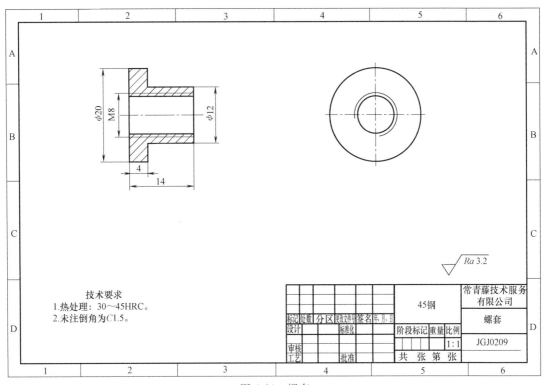

图 4-31　螺套

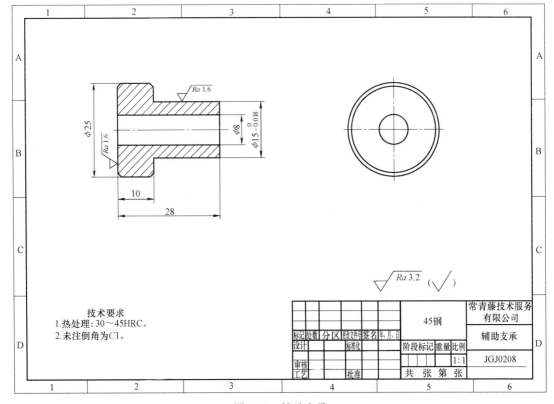

图 4-32　辅助支承

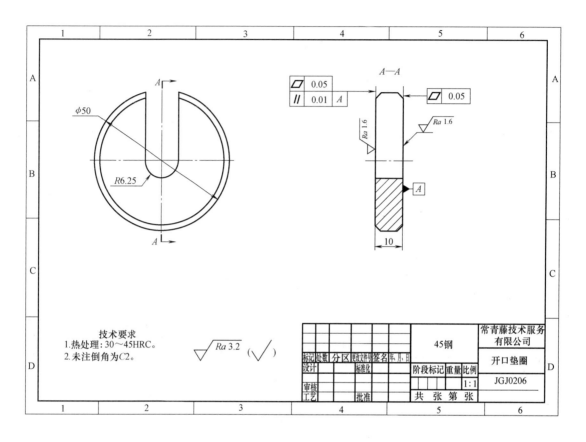

图 4-33 开口垫圈

任务四 项目实施

任 务 目 标

1. 能对钻床夹具任务进行工序分析。
2. 能进行钻床夹具定位方案与定位装置设计。
3. 能进行夹紧方案设计。
4. 能对钻床夹具结构进行设计。
5. 能进行夹具体的结构设计与材料选择。
6. 能计算夹具的对刀误差。
7. 能全面地分析钻床夹具精度，促进学生形成系统性思维。
8. 能正确地绘制钻床夹具总装配图及零件图，合理地标注尺寸、公差及技术要求，促进学生形成严谨、细致的工作作风。

回到工作情境

如图 4-1 所示杠杆零件图，材料为 HT200，批量 $N = 500$ 件，已完成 $\phi 30^{+0.033}_{0}$ mm 孔与端面的加工工序。杠杆加工工序图如图 4-2 所示，杠杆小孔加工工序卡片见表 4-1。现需完成钻削 $\phi 10^{+0.015}_{0}$ mm 孔的工序，采用 Z4112A 钻床，现制定钻削专用夹具方案，具体要求如下。

1）工序分析。
2）设计定位方案。
3）设计夹紧方案。
4）设计导引方案。
5）分析夹具精度。
6）绘制钻床夹具总装配图与零件图。

工厂提示

移动式钻床夹具主要用于立式钻床上加工直径小于 10mm 的单孔，或加工件总质量小于 15kg。

一、设计前准备

（一）准备设计资料

（二）进行实际调查

二、项目分析

（一）工序分析

（二）工件图样分析

三、设计定位方案

（一）定位基准选择

（二）限制自由度分析

（三）定位元件设计

（说明选用什么定位元件，如何与定位基准面配合）

（四）定位误差分析

对于位置尺寸 $60mm \pm 0.08mm$：

$\Delta_{jb} =$

$\Delta_{db} =$

$\Delta_{dw} =$

允许定位误差：$\dfrac{T}{3} =$

判断：_____

结论：_____

四、设计夹紧方案

五、设计导引方案

（一）确定钻套导引孔内径尺寸 d、高度 H、外径 D

（二）确定钻套位置尺寸 L

（三）对刀误差 Δ_{jd} 计算

六、设计夹具与机床连接装置

（一）夹具与机床的连接

夹具与机床连接方式：_____

夹具体材料选用：_____

夹具体结构：_____

_____

_____

（二）夹具位置误差 Δ_{jw} 计算

_____

_____

_____

七、分析夹具精度

对于位置尺寸 $60mm \pm 0.08mm$：

$\Delta_{dw} =$ $\Delta_{jw} =$ $\Delta_{jd} =$

$\sqrt{\Delta_{dw}^2 + \Delta_{jw}^2 + \Delta_{jd}^2} =$

与 $2T/3$ 比较：_____

判断：_____

_____

_____

八、绘制夹具总装配图及零件图

（一）绘制夹具总装配图

根据总体结构设计，绘制夹具总装配图，并标注必要尺寸及技术要求。

1. 标注尺寸

外形轮廓尺寸：_____

工件与定位元件联系尺寸：_____

夹具与机床的尺寸：_____

其他配合尺寸：_____

2. 技术要求

_____

_____

（二）绘制零件图

合理地选择零件材料，设计零件结构，并标注尺寸公差及技术要求。

任务五　评价、总结、拓展

任务目标

1. 能够正确表达钻床夹具设计方案。
2. 能在交流中比较设计优劣。
3. 能反思本人（本组）制订设计方案中的不足。
4. 能够修正钻床夹具设计方案中不合理之处。
5. 能进行相关拓展学习，提升钻床夹具设计能力。

一、分组表达

各组同学课前准备好钻床夹具设计方案。

各组推荐一名同学表达。

各组发表对其他小组评价意见。

二、评价

教师对各组推荐设计方案进行点评，并根据表4-7对设计方案进行评价。

表4-7　钻床夹具设计评价表

序号	内　　容	配分	评　分　要　求	自评	教师评价
1	工序分析	8	分析要素完整		
2	设计定位方案	12	选择定位元件合理，自由度分析正确，误差分析正确		
3	设计夹紧方案	10	夹紧机构设计合理，夹紧力作用点、方向选择合理		
4	设计夹具与钻床连接装置	10	选择连接方案合理，几何公差标注合理，误差分析正确		
5	分析夹具精度	10	正确计算夹具综合误差，正确判断夹具精度是否满足加工要求		
6	绘制夹具总装配图	15	结构表达清楚，尺寸及技术要求标注合理		
7	绘制零件图	15	结构表达清楚，尺寸及技术要求标注合理		
8	职业规范性	10	遵守课堂纪律，正确使用设备及工量具，遵守安全操作规程		
9	合作与创新	10	小组成员之间能相互合作，设计有创新		
10	合计	100			

三、梳理小结

1. 钻床夹具设计要点

2. 钻床夹具设计步骤

3. 绘制钻床夹具总装配图的步骤

4. 学习体会

四、拓展

箱体类零件在机械产品中应用比较广泛。当加工的孔系精度要求较高、外形较为复杂时，往往不适宜用普通钻床加工，这类工件更适合在数控机床上加工。那么，在实际加工中，如何对外形较为复杂的箱体类工件进行定位、装夹呢？请看微视频"箱体类工件钻孔加工案例"。

箱体类工件钻孔加工案例

车床夹具设计

学 习 目 标

1. 能指出车床夹具各零件的作用。
2. 能在车床夹具中对工件进行装夹。
3. 能在教师指导下在车床上完成工件加工。
4. 能合理设计车床夹具总体结构。
5. 能分析车床夹具精度，判断夹具精度的合理性，促进学生形成逻辑性思维。
6. 能绘制夹具总装配图及零件图，合理地标注尺寸、公差及技术要求。
7. 能自觉遵守车床安全操作规程，在教师指导下在车床上完成工件加工。
8. 能进行良好的交流与合作。

建议学时

20 学时。

工作情境描述

图 5-1 所示为隔套零件图，材料为 45 钢，中批量生产，已完成隔套的左端面与内孔 $\phi72^{+0.03}_{0}$ mm 车削工序，现需完成车削隔套外圆及右端面的工序，工序图如图 5-2 所示，工件机械加工工序卡片见表 5-1，采用 CA6140 车床，现制定车削专用夹具方案，具体要求如下。

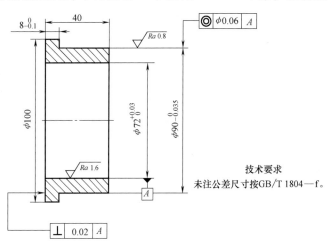

图 5-1 隔套零件图

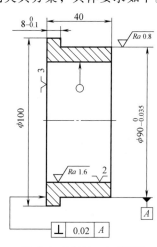

图 5-2 隔套加工工序图

表 5-1 工件机械加工工序卡片

零件名称	隔套	零件工艺流程	1)下料(管料);2)车左端面、$\phi72^{+0.03}_{0}$ mm 内孔至尺寸;3)车右端面、$\phi100$mm、$\phi90^{0}_{-0.035}$ mm 外圆至尺寸;4)入库质检		工序名称	粗、精车隔套外圆及端面
零件图号	2018-0810				单位工时	<12min
		车间		当前工序号		
第3道工序卡		毛坯种类	型材 (金)	材料牌号		
				3	机床	名称 普通卧式车床
				45		型号 CA6140
						编号 ×××××
					夹具图号	
					夹具名称	

工步号	工步名称	进给量/((mm/r)	转速/(r/min)	机动时间/min	辅助时间/min	工具、刀具、量具
1	车右端面，保持尺寸 40mm	0.2～0.5	480	2	2	45°端面车刀（硬质合金）、游标卡尺
2	工件安装在心轴夹具上，粗、精车外圆 $\phi100$mm 至尺寸要求	粗 0.4～0.6 精 0.05～0.1	500	2	1	90°外圆车刀（硬质合金）、游标卡尺
3	粗、精车外圆 $\phi90^{0}_{-0.035}$ mm 至尺寸要求	粗 0.4～0.6 精 0.05～0.1	500	2	2	90°端面车刀（硬质合金）、千分尺
4	检查，拆卸工件					千分尺

1）工序分析。

2）设计定位方案。

3）设计夹紧方案。

4）设计夹具与车床连接装置。

5）分析夹具精度。

6）绘制车床夹具总装配图与零件图。

🔧 工作流程与任务

任务一　　实践感知——在车床上使用夹具　　　4 学时

任务二　　相关知识学习　　　　　　　　　　　2 学时

任务三　　样例学习　　　　　　　　　　　　　2 学时

任务四　　项目实施　　　　　　　　　　　　　10 学时

任务五　　评价、总结、拓展　　　　　　　　　2 学时

任务一　　实践感知——在车床上使用夹具

任 务 目 标

1. 能指出车床夹具各零件的作用。

2. 能对指定工件在车床夹具中进行装夹。

3. 能把夹具连接到主轴上，并进行找正。

4. 能对夹具进行对刀。

5. 能识读工件加工工序图。

6. 能自觉遵守车床安全操作规程，在教师指导下在车床上完成工件加工。

🔧 任务描述

图 5-3 所示为蜗轮箱体零件，采用 CA6140 车床加工，材料为 HT250，已完成箱体外形和蜗杆孔的加工工序，现要使用专用车床夹具完成 $\phi43$mm 蜗杆孔及端面的车削工序，工序卡片见表 5-2。该任务要求学生在教师指导下完成工件装夹、对刀、加工。通过加工回答以下问题。

1）指出夹具各零件作用。

2）工件在车床夹具中如何进行定位？

3）工件在夹具中如何夹紧？

4）夹具与车床如何连接？

5）工件如何实现对刀？

6）影响夹具位置精度的因素有哪些？

7）影响夹具对刀精度的因素有哪些？

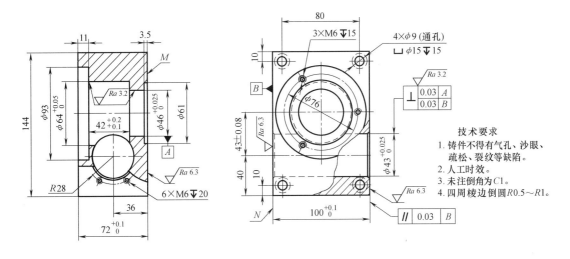

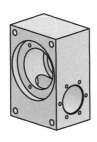

图 5-3　蜗轮箱体零件图

一、准备

请你按照图 4-4 所示准备好实训用相关劳保用品，按照图 4-5 所示准备好实训用相关工量具；根据表 5-2 所示的粗、精车蜗杆孔及端面加工工序卡片，读懂加工工艺及要求；熟悉并使用量具量取图 5-4 所示的车床专用夹具的相关尺寸，同时需熟悉 CA6140 车床，进而判断一下图 5-4 所示夹具是否可以安装在 CA6140 车床上用于加工。

二、实施步骤

图 5-4 所示夹具若可以在 CA6140 上使用，请你按照图 5-5 所示步骤，在教师的指导下完成隔套的第 3 道工序加工内容。

图 5-4　加工蜗轮箱体
车床专用夹具

图 5-5　加工实施步骤

表 5-2 粗、精车蜗杆孔及端面加工工序卡片

零件名称	蜗轮箱体	零件工艺流程	1)铸造毛坯;2)铣大端基准面;3)铣大端基准面;4)铣小端基准面;5)铣箱体其他三个面;6)质检;7)粗、精车蜗轮孔及端面;8)粗、精车蜗杆孔及端面;9)钻孔;10)加工沉孔;11)攻螺纹;12)去毛刺;13)入库质检		工序名称	粗、精车蜗杆孔及端面
零件图号	2018-0805				单位工时	<12min
			车间	(车)	机床 名称	卧式车床
第 8 道工序工序卡		毛坯种类	铸件		型号	CA6140
		当前工序号	8		编号	×××××
		材料牌号	HT250		夹具图号	C2018-11
					夹具名称	蜗轮箱体车削夹具

工序号	工步名称	主轴转速 /(r/min)	进给量 /(mm/r)	机动时间 /min	辅助时间 /min	工具、刀具、量具
1	工件安装在角铁夹具上，车上端面，保证尺寸 6mm	480	0.9~1.3	2	2	45°端面车刀（硬质合金）、游标卡尺
2	粗、精车内孔 φ43mm 至尺寸要求，倒角	220	粗 0.4~0.6; 精 0.05~0.1	2	1	内孔车刀（硬质合金）、塞规
3	检查，拆卸工件					塞规

说明：1. 箱体除待加工蜗杆孔（φ43mm）为毛坯外，其余各表面均已加工过。

2. 工步中尺寸 6mm 为待加工孔端面到夹具角铁端面的距离（方便测量），如图 5-4 所示。

三、回答问题

（一）分析图 5-4 所示夹具，在表 5-3 中写出该车床专用夹具各零件的作用

表 5-3　夹具相关零件的作用

序号	名　称	作　用
1	角铁	
2	定位销	
3	支承钉	
4	夹具体	
5	平衡块	
6	心轴	
7	压板	

（二）工件在该夹具中定位

1. 选择定位基准

2. 选择定位元件

3. 分析各定位元件所限定的自由度

（三）该夹具对工件实现夹紧

1. 该夹紧机构类型

2. 夹紧原理

（四）该夹具与 CA6140 车床进行连接

1. 连接元件

2. 连接方法

（五）通过分析与使用，你认为影响该夹具位置精度的因素

（六）在加工前，进行对刀的方法

（七）你认为影响该夹具对刀精度的因素

任务二　相关知识学习

任 务 目 标

1. 了解车床夹具的类型与特点。
2. 了解车床夹具的设计要点。
3. 能分析车床夹具位置误差的产生原因。
4. 能计算车床夹具的位置误差。
5. 能计算工件在车床上的加工误差。

车床夹具是指在车床上用来加工工件内、外回转面及端面的夹具。一些车床夹具已标准化，如前所述自定心卡盘、单动卡盘、顶尖、夹头等，而对于一些特殊零件的加工，还需设计、制造专用车床夹具来满足加工工艺要求。

一、车床夹具的类型与特点

（一）安装在车床主轴上的夹具

这类夹具中，除了各种卡盘、花盘、顶尖等通用夹具或机床附件外，还可根据加工需要设计各种心轴或其他专用夹具，加工时夹具随同机床主轴一起旋转，刀具做进给运动。

（二）安装在车床床鞍上的夹具

对于某些形状不规则和尺寸较大的工件，常常把夹具安装在车床床鞍上。刀具安装在车床主轴上做旋转运动，夹具做进给运动。

这里主要介绍应用最为广泛的安装在车床主轴上的夹具。

二、专用车床夹具的典型实例

（一）角铁式夹具

图 5-6 所示为角铁式车床夹具。工件用两个燕尾面在固定支承板和活动支承板上定位，以活动削边销定位横向移动，属于两面一销的定位方式。该夹具采用摆动 V 形块和回转式螺旋压板机构夹紧。

（二）花盘式车床夹具

图 5-7 所示为花盘式车床夹具。该夹具以工件底面及两个凹台孔作为定位基准，其中两个凹台孔分别用圆柱销和削边销来实现定位，属于一面两销的定位方式。夹紧采用两副移动式螺旋压板夹压在工件顶面两端来实现。当加工好其中的一个孔后，拔出对定销 4，将过渡盘 2 沿着分度滑块 6 进行移动，对定销即在弹簧力作用下插入夹具体上另一横向分度孔中，即可加工第二个孔。

（三）定心夹紧夹具

对于回转体工件或以回转表面定位的工件可以采用定心夹紧夹具。常见的有弹簧心

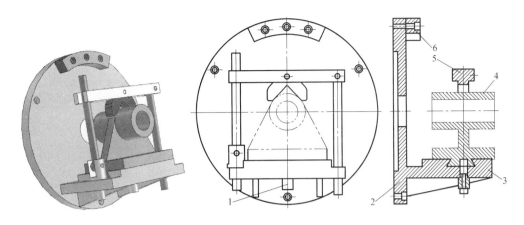

图 5-6　角铁式车床夹具

1—定位销　2—夹具体　3—支承板　4—工件　5—压块　6—平衡块

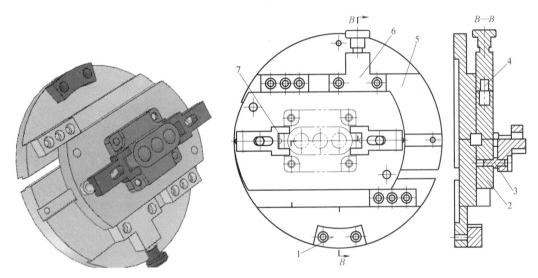

图 5-7　花盘式车床夹具

1—平衡块　2—过渡盘　3—定位销　4—对定销　5—花盘　6—分度滑块　7—螺旋压板

轴、顶尖式心轴、液性介质弹性心轴等。图 5-8 所示夹具是弹簧心轴车床夹具，转动螺母 4，锥体 1、锥套 3 相向移动，使弹性筒夹 5 外胀定心夹紧工件。

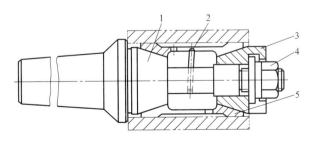

图 5-8　弹簧心轴车床夹具

1—锥体　2—防转销　3—锥套　4—螺母　5—弹性筒夹

知识拓展

组合夹具是采用预先制造好的标准夹具元件，根据设计好的定位夹紧方案组装而成的专用夹具。它既有专用夹具的优点，又具有标准化、通用化的优点。产品变换后，夹具的组成元件可以拆开清洗入库，不会造成浪费，适用于新产品试制和多品种小批量的生产。在大量采用数控机床、应用CAD/CAM/CAPP技术的现代企业机械产品生产过程中具有独特的优点。图5-9所示为车床组合夹具。

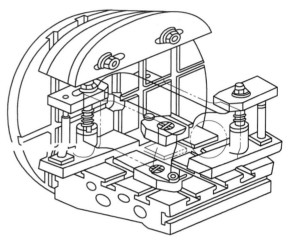

图 5-9　车床组合夹具

三、车床夹具的设计要点

（一）定位装置

在车床上加工回转表面时，要求工件加工面的轴线与车床主轴的旋转轴线重合，夹具上定位装置的结构和布置，必须保证这一点。

（二）夹紧机构

由于车削时工件和夹具一起随主轴做旋转运动，故在加工过程中，工件除受切削转矩的作用外，整个夹具还受到离心力的作用，转速越高，离心力越大，会影响夹紧机构产生的夹紧效果，此外，工件定位基准的位置相对于切削力和重力的方向来说是变化的。因此，夹紧机构所产生的夹紧力必须足够。

> **工厂提示**
>
> 夹紧机构除夹紧力必须足够外，自锁性能必须要好，以防止工件在加工过程中脱离定位元件的工作表面。

（三）车床夹具与机床主轴的连接

车床夹具与机床主轴的连接精度对夹具的回转精度有决定性的影响。因此，要求夹具的回转轴线与车床主轴轴线有尽可能高的同轴度，根据车床夹具径向尺寸的大小，其在机床主轴上的安装方式也不一样。

> **工厂提示**
>
> 对于径向尺寸 $D<140mm$ 或 $D<(2\sim3)d$ 的小型夹具，其连接结构如图 5-10a 所示。
>
> 对于径向尺寸较大的夹具，用过渡盘连接，过渡盘的结构如图 5-10b、c 所示。

（四）找正孔或找正外圆

在车床夹具的夹具体上一般应设置有找正孔或找正外圆。它既是车床夹具在车床主轴上安装时，保证车床夹具与车床主轴同轴度的找正基准，也是车床夹具装配时的装配基准，还常常是夹具体本身加工过程中的工艺基准。

（五）平衡措施

车床夹具应消除回转不平衡所引起的振动现象。平衡措施有两种：一种是在较轻的一侧

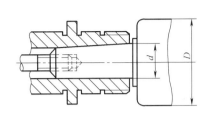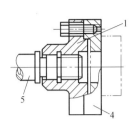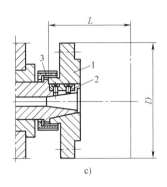

a)　　　　　　　　　　　　　b)　　　　　　　　　　　　c)

图 5-10　车床夹具与机床主轴的连接

1—过渡盘　2—平键　3—螺母　4—夹具　5—主轴

加平衡块（配重块），其位置距离回转中心越远越好；一种是在较重的一侧加工减重孔，其位置距离回转中心越近越好。平衡块的位置和重量最好可以调节。

> **工厂提示**
>
> 　　为使操作安全，夹具上尽可能避免有尖角或突出夹具体圆形轮廓之外的元件，必要时回转部分外面应加防护罩。

四、车床夹具位置精度分析

在车削加工中，因车床夹具随主轴一起回转，工件上被加工出的回转面的轴线就代表车床主轴的回转轴线。工序基准相对于主轴轴线的变化范围就是加工误差，其大小受工件在夹具上定位误差 Δ_{dw}、夹具位置误差 Δ_{jw} 和加工过程误差 Δ_{GC} 的影响。

车床夹具的位置误差 Δ_{jw} 是指在车床上安装位置不准确导致工件产生的位置误差。它与下列因素有关：一是定位元件与夹具体定位面的位置误差，以 Δ_{jw1} 表示；二是夹具体定位面与车床的连接误差，以 Δ_{jw2} 表示。

五、车床夹具的精度分析实例

图 5-11 所示的横拉杆接头在车床夹具上加工 M24×1.5-6H 螺纹孔时，工件以底面 A、

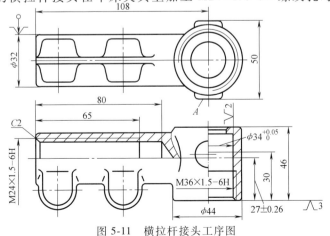

图 5-11　横拉杆接头工序图

$\phi 34^{+0.05}_{0}$ mm 内孔定位，以钩形压板、螺母压紧，车削夹具图如图 5-12 所示，针对尺寸 27mm±0.26mm，分析夹具精度。

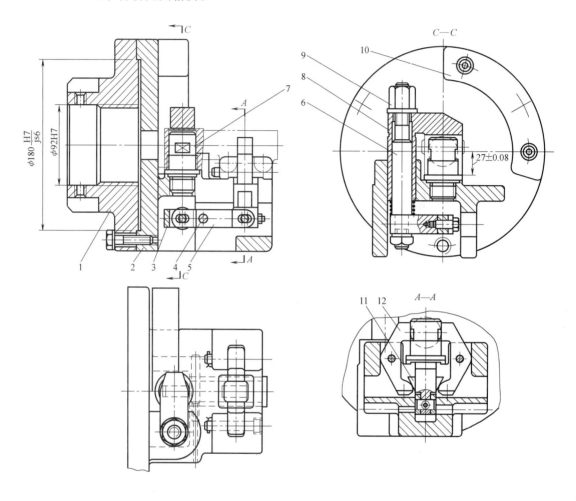

图 5-12　横拉杆接头车削夹具图

1—过渡盘　2—夹具体　3—连接块　4—销　5—杠杆　6—拉杆　7—定位销　8—钩形压板
9—带肩螺母　10—平衡块　11—楔块　12—摆动压块

（一）分析定位误差 Δ_{dw}

由于 A 面既是工序基准，又是定位基准，所以基准不重合误差 Δ_{jb} 为零。工件在夹具上以平面定位时，基准位移误差 Δ_{db} 也为零，因此，尺寸 27mm±0.26mm 的定位误差 Δ_{dw} 等于零。

（二）夹具位置误差 Δ_{jw}

1. 夹具定位元件与夹具体定位面位置误差 Δ_{jw1}

由于此夹具的过渡盘是连接在夹具上不拆的，过渡盘定位圆孔轴线为夹具的安装基准，夹具上定位销 7 的台阶平面与过渡盘定位圆孔轴线间的距离尺寸为 27mm±0.08mm，因此，$\Delta_{jw1} = 0.16$mm。

2. 夹具体定位面与车床的连接误差 Δ_{jw2}

$$\Delta_{jw2}=\sqrt{X_{1max}^2+X_{2max}^2}$$

式中　　X_{1max}——过渡盘与主轴间的最大配合间隙；

　　　　X_{2max}——过渡盘与夹具体间的最大配合间隙。设过渡盘与车床主轴的配合尺寸为

　　　　$\phi92\dfrac{H7}{js6}$，查《机械设计手册》极限偏差表得 $\phi92H7$（$^{+0.035}_{0}$），$\phi92js6$

　　　　（±0.011），$X_{1max}=0.035mm+0.011mm=0.046mm$。

过渡盘止口与夹具体的配合尺寸为 $\phi180\dfrac{H7}{js6}$，查《机械设计手册》极限偏差表得

$\phi180H7$（$^{+0.040}_{0}$），$\phi180js6$（±0.0125），$X_{2max}=0.040mm+0.0125mm=0.0525mm$。

$$\Delta_{jw2}=\sqrt{X_{1max}^2+X_{2max}^2}=\sqrt{0.046^2+0.0525^2}\,mm=0.07mm$$

（三）分析夹具精度

针对加工尺寸 27mm±0.26mm，其夹具的误差为

$$\sqrt{\Delta_{dw}^2+\Delta_{jw1}^2+\Delta_{jw2}^2}=\sqrt{0^2+0.16^2+0.07^2}\,mm\approx0.174mm<\frac{2\times0.52}{3}\,mm=0.347mm$$

结论：设计夹具满足加工精度要求，方案可行。

任务三　样例学习

任务目标

1. 能分析定位形式及定位元件所限定工件的自由度。

2. 能分析夹紧机构选择合理性。

3. 能分析夹具与车床连接方案及尺寸标注的合理性。

4. 能分析车床夹具体结构设计的合理性。

5. 能分析车床夹具精度，学会判断夹具精度合理性的方法，促进学生形成逻辑性思维。

任务描述

如图 5-13 所示隔套零件图，材料 40Cr，中批量生产，已完成内孔、左端面工序，现需完成外圆及右端面工序，采用 CA6140 车床，加工工序卡片见表 5-4，现制定车削专用夹具方案。具体要求如下。

1）进行工序分析。

2）设计定位方案。

表 5-4　粗、精车隔套外圆及右端面加工工序卡片

零件名称	隔套	零件工艺流程	1) 下料（管料）; 2) 车左端面、$\phi 80^{+0.03}_{0}$ mm 内孔至尺寸; 3) 车右端面、$\phi 100$mm、$\phi 90^{0}_{-0.022}$ mm 外圆至尺寸; 4) 入库质检			工序名称	粗、精车隔套外圆及右端面
零件图号	2018-0805			当前工序号	3	单位工时	<7min
		车间	（车）	材料牌号	40Cr	机床	名称	普通卧式车床
第 3 道工序卡		毛坯种类	型材				型号	CA6140
							编号	×××××
						夹具图号	
						夹具名称	

工步号	工步名称	进给量 /(mm/r)	转速 /(r/min)	机动时间 /min	辅助时间 /min	工具、刀具、量具
1	工件安装在心轴夹具上，车右端面，保持尺寸 40mm	0.9~1.3	480	2	2	90°端面车刀（硬质合金）、游标卡尺
2	粗、精车外圆 $\phi 100$mm 至尺寸要求	粗 0.4~0.6 精 0.05~0.1	500	2	1	90°外圆车刀（硬质合金）、游标卡尺
3	粗、精车外圆 $\phi 90^{0}_{-0.022}$ mm 至尺寸要求	粗 0.4~0.6 精 0.05~0.1	500	2	2	90°端面车刀（硬质合金）、千分尺
4	检查、拆卸工件					千分尺

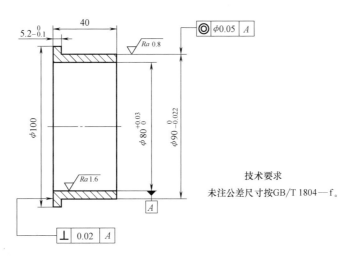

图 5-13　某坦克中的一个配件隔套

3）设计夹紧方案。

4）设计连接装置。

5）分析夹具精度。

6）绘制夹具总装配图与零件图。

一、夹具设计前准备

（一）准备设计资料

收集机械加工工艺卡等夹具设计的生产制造原始资料，收集《机床夹具设计手册》《机械设计手册》等工具书。

（二）进行实际调查

深入生产实际，了解工件材料及上道工序加工情况，了解 C6140 普通车床操作性能，了解本工序加工使用的刀具，了解库存夹具通用配件的情况，了解同类产品生产加工情况等。

二、任务分析

通过任务描述、加工工序卡片的学习，可以得到以下信息。

该零件为套类零件，材料为 40Cr，强度较好，结构简单。

零件外形尺寸大小适中，本工序为粗精车外圆，切削力较小，夹紧力要求不高。

本工序加工精度要求较高，在设计夹具时，其精度和复杂程度以满足加工精度要求、降低制造成本为出发点。

该零件为中批量生产。

本任务加工质量要求有三项：$\phi 90_{-0.022}^{0}$ mm；$5.2_{-0.1}^{0}$ mm；内孔同轴度 $\phi 0.05$ mm；表面粗糙度值为 $Ra0.8\mu m$。

三、设计定位方案

（一）定位基准分析

从加工工序卡片可知：本工序定位基准为左端面、$\phi80^{+0.03}_{0}$mm 内孔面，即左端面定位限制 1 个自由度，内孔定位限制 4 个自由度，遵循基准重合原则。

（二）限制自由度分析

限制自由度分析如图 5-14 所示。

1）形状尺寸 $\phi90^{0}_{-0.022}$mm 与限制自由度无关。

2）保证同轴度 $\phi0.05$mm，需要限制 $\vec{Y}$、$\vec{Z}$、$\widehat{Y}$、$\widehat{Z}$。

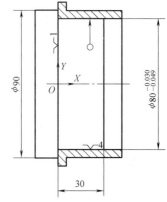

3）保证位置尺寸 $5.2^{0}_{-0.1}$mm，需要限制 $\vec{X}$、$\widehat{Y}$、$\widehat{Z}$。

综合结果应限制 $\vec{X}$、$\vec{Y}$、$\vec{Z}$、$\widehat{Y}$、$\widehat{Z}$，工序定位方案合理。

图 5-14 限制自由度分析

（三）定位元件设计

根据工序图要求，采用弹性定心夹紧机构。选用带小轴肩的长弹性心轴与工件内孔及端面接触，限制 $\vec{X}$、$\vec{Y}$、$\vec{Z}$、$\widehat{Y}$、$\widehat{Z}$。

定位基准内孔的尺寸为 $\phi80H7$，选与弹性心轴的配合为 $\phi80\dfrac{H7}{f6}$。零件的轴向尺寸为 40mm，取弹性心轴轴向尺寸为 30mm。定位元件为弹性心轴，如图 5-14 所示。弹性心轴一端加工成带内锥的薄壁套筒，在薄壁套筒的径向开三个均匀分布的槽，薄壁套筒的内锥面与锥形压块接触。压块向左移动，薄壁套筒外胀，薄壁套筒的外圆柱面与工件内孔表面接触进行定位。因此，这个弹性心轴可称为弹性筒夹。

（四）定位误差分析

形状尺寸 $\phi90^{0}_{-0.022}$ mm 由调好的机床与刀具相对位置保证。

对于 $5.2^{0}_{-0.1}$mm：

$\Delta_{jb}=0$，$\Delta_{db}=0$，$\Delta_{dw}=0$，满足加工要求。

对于同轴度 $\phi0.05$mm：

由于采用弹性定心夹紧机构，$\Delta_{db}=0$，$\Delta_{jb}=0$，$\Delta_{dw}=0$。

满足加工要求。

结论：该定位方案可行。

四、设计夹紧方案

上述弹性心轴在对工件定位的同时，也对工件实施了夹紧，考虑工件尺寸适中，粗、精加工时切削力较小，弹性夹紧足以满足使用要求。

设计出的弹性定心夹紧机构如图 5-15 所示。转动夹紧螺母，推动垫圈，压块向左移动，

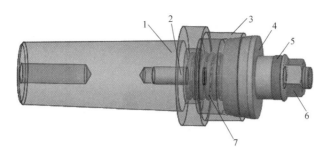

图 5-15　弹性定心夹紧机构

1—弹性筒夹　2—螺杆　3—隔套　4—压块　5—垫圈　6—夹紧螺母　7—弹簧

弹性筒夹外胀定心夹紧工件。

本夹具夹紧力主要用来抵消因主切削力而产生的转矩作用，考虑工件尺寸、加工余量及切削力等影响因素，依据经验和夹具尺寸结构，本夹具采用 M20 夹紧螺母，可满足夹紧要求。

五、设计连接装置

本工序所选用的设备为 CA6140，因切削力不大，夹具与车床之间采用莫氏锥度连接，螺杆拉紧，如图 5-16 所示。

根据车床夹具的结构特点，把连接元件和定位元件设计为一个整体零件，构成了本夹具的夹具体。

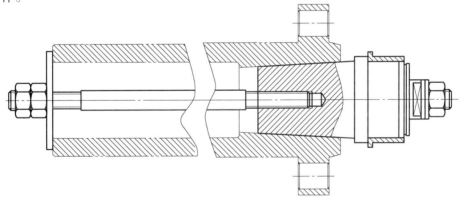

图 5-16　连接装置

由《现代夹具设计手册》查得，CA6140 主轴的锥孔为莫氏 6 号，所以夹具连接部分设计为莫氏 6 号锥柄，其轴向尺寸取主轴锥孔轴向尺寸的 3/4。锥柄端部螺孔的大小依据机床附件拉杆头部螺纹大小确定。考虑夹具的位置精度，取弹性心轴中心线与莫氏 6 号锥柄轴线的同轴度为工件工序同轴度要求的 1/5，即 $\phi 0.05\text{mm} \times \dfrac{1}{5} = \phi 0.01\text{mm}$。取弹性心轴轴肩端面与莫氏 6 号锥柄轴线的垂直度为位置尺寸 $5.2_{-0.1}^{\ 0}\text{mm}$ 公差的 1/5，即 $0.1\text{mm} \times \dfrac{1}{5} = 0.02\text{mm}$。

弹性筒夹材料选用 9SiCr，热处理 $\phi 80\text{h}6$ 外圆的工作部分至 56~62HRC，锥柄尾部至 40~45HRC。

六、分析夹具精度

（一）分析夹具位置精度误差 Δ_{jw}

对于位置尺寸 $5.2_{-0.1}^{0}$ mm：$\Delta_{jw1} = 0.02$mm

对于同轴度 $\phi0.05$mm：$\Delta_{jw2} = 0.01$mm

（二）分析夹具精度

对于车床夹具来讲，没有对刀误差，即 $\Delta_{jd} = 0$。

对于位置尺寸 $5.2_{-0.1}^{0}$ mm：

$$\sqrt{\Delta_{dw1}^2 + \Delta_{jw1}^2 + \Delta_{jd1}^2} = \sqrt{0^2 + 0.02^2 + 0^2}\ \text{mm} = 0.02\text{mm} < \frac{2 \times 0.1}{3}\text{mm} = 0.067\text{mm}$$

满足该项加工要求。

对于同轴度 $\phi0.05$mm：

$$\sqrt{\Delta_{dw2}^2 + \Delta_{jw2}^2 + \Delta_{jd2}^2} = \sqrt{0^2 + 0.01^2 + 0^2}\ \text{mm} = 0.01\text{mm} < \frac{2 \times 0.05}{3}\text{mm} = 0.033\text{mm}$$

满足该项加工要求。

结论：设计夹具满足加工精度要求，方案可行。

七、绘制夹具总装配图

（一）绘制总装配图

根据车床夹具总体结构设计要求，结合前面车床夹具各部分结构及尺寸，绘制夹具总装配图，如图 5-17 所示。

车床夹具结构

（二）尺寸、技术要求标注

1．尺寸

最大外形轮廓尺寸（A 类尺寸）：$\phi90$mm、265mm。

工件与定位元件的联系尺寸（B 类尺寸）：$\phi80\dfrac{H7}{f6}$。

夹具与机床的联系尺寸（D 类尺寸）：莫氏 6 号锥柄。

其他装配尺寸（E 类尺寸）：$\phi20\dfrac{H7}{g6}$。

2．技术要求

定位端面与锥柄轴线的垂直度公差为 0.02mm。

定位外圆 $\phi80f6$ 轴线与锥柄轴线的同轴度公差为 $\phi0.01$mm。

尺寸、技术要求标注如图 5-17 所示。

（三）编写零件明细栏

按照机械制图国家标准的规定，需对夹具总装配图中的各个零件进行编号，在标题栏上方画出零件明细栏，并填写具体信息，如图 5-17 所示。

八、绘制夹具零件图

根据夹具装配图，拆画夹具零件图。由图 5-17 可知，弹性筒夹、压块、螺杆属于非标准零件，应拆画其零件图，具体如图 5-18 和图 5-20 所示。

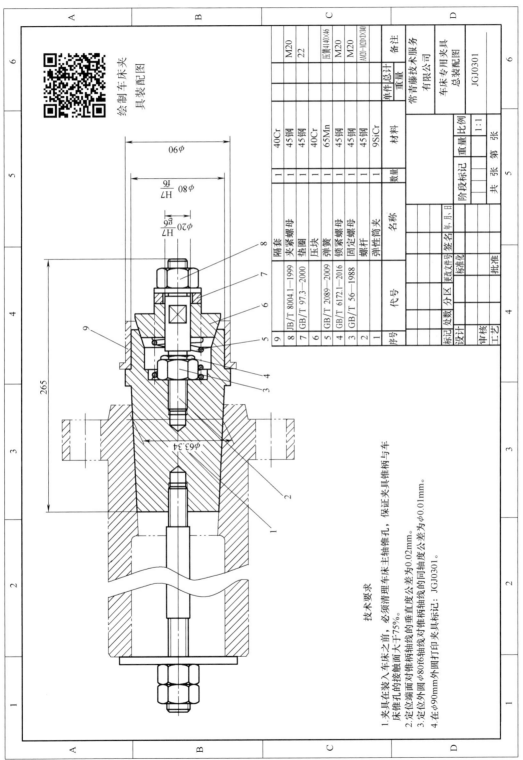

图 5-17 车床专用夹具总装配图

绘制车床夹具装配图

技术要求

1. 夹具在装入车床之前，必须清理车床主轴锥孔，保证夹具锥柄与车床锥孔的接触面大于75%。
2. 定位端面对锥柄轴线的垂直度公差为0.02mm。
3. 定位外圆 ϕ80f6轴线对锥柄轴线的同轴度公差为 ϕ0.01mm。
4. 在 ϕ90mm外圆打印夹具标记：JGJ0301。

序号	代号	名称	数量	材料	备注
9		隔套	1	40Cr	
8	JB/T 8004.1—1999	夹紧螺母	1	45钢	M20
7	GB/T 97.3—2000	垫圈	1	45钢	22
6		压块	1	40Cr	
5	GB/T 2089—2009	弹簧	1	65Mn	压簧4I40X46
4	GB/T 6172.1—2016	锁紧螺母	1	45钢	M20
3	GB/T 56—1988	固定螺母	1	45钢	M20
2		螺杆	1	45钢	AM20~M20X(X/4l
1		弹性筒夹	1	9SiCr	

单件总计重量: 常青藤技术服务有限公司 车床专用夹具总装配图 JGJ0301

比例 1:1

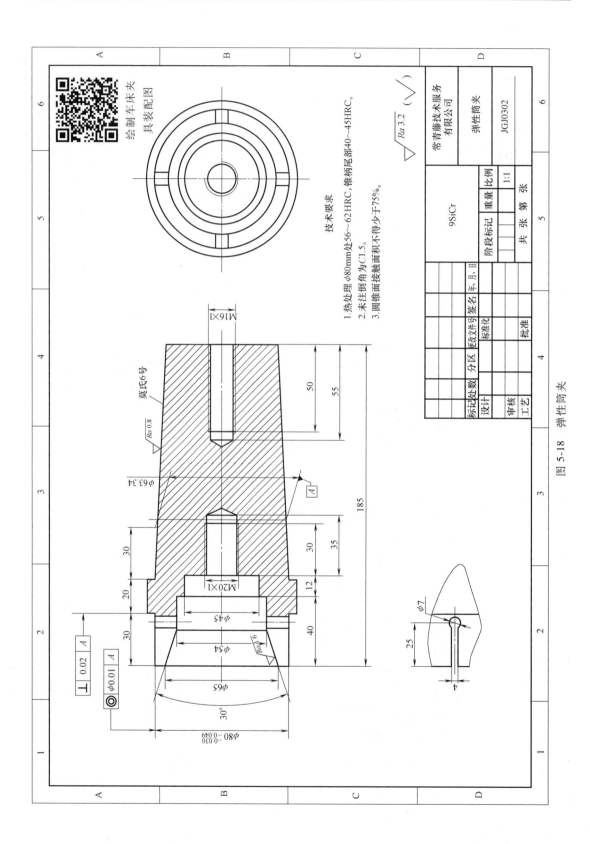

图 5-18 弹性筒夹

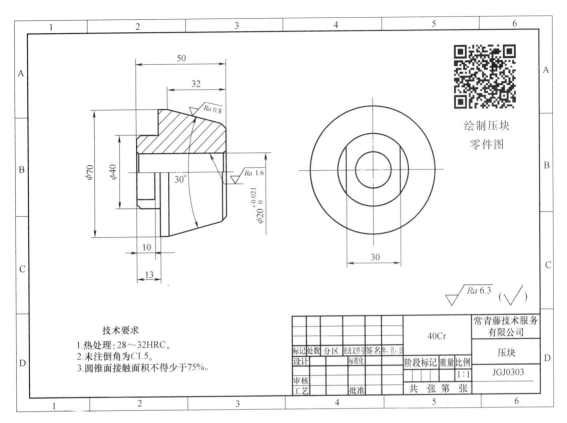

图 5-19 压块

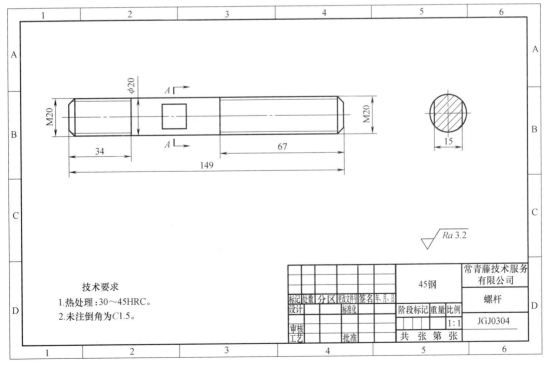

图 5-20 螺杆

对于弹性筒夹，其定位部分、夹紧部分、连接部分等尺寸由前面的设计确定。按照夹具装配技术要求，弹性筒夹定位端面与锥柄轴线的垂直度公差为 0.02mm，弹性筒夹定位外圆 $\phi80f6$ 轴线与锥柄轴线的同轴度公差为 $\phi0.01$mm。工件材料选用 9SiCr，热处理 $\phi80f6$ 外圆的工作部分 56~62HRC，锥柄尾部 40~45HRC。

对于压块，根据弹性筒夹和螺杆的相关尺寸，参照夹具总装配图，确定各部分尺寸。

九、夹具使用说明

夹具以莫氏锥柄装入车床主轴莫氏锥孔，用车床附件螺杆拉紧夹具并用锁紧螺母锁紧螺杆。夹具安装好后，可正常使用。

使用车床夹具

工厂提示

心轴类车床夹具多用于以内孔作为定位基准，加工外圆柱面的情况。常见的心轴有圆柱心轴、弹簧心轴、顶尖心轴、液性介质弹性心轴等。

图 5-21 所示的 3 种弹簧心轴分别是前推式弹簧心轴、不动式弹簧心轴、分开式弹簧心轴。上述 3 种方式都是利用螺母的旋动来实现定位夹紧。

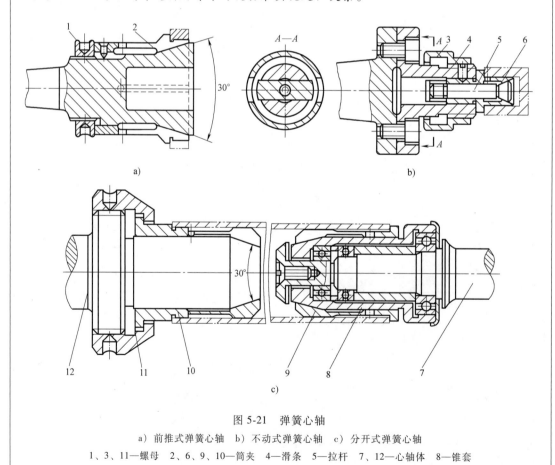

图 5-21 弹簧心轴

a）前推式弹簧心轴 b）不动式弹簧心轴 c）分开式弹簧心轴

1、3、11—螺母 2、6、9、10—筒夹 4—滑条 5—拉杆 7、12—心轴体 8—锥套

任务四　项目实施

任 务 目 标

1. 能分析车床专用夹具设计任务。
2. 能合理选择定位元件，设计定位装置。
3. 能合理设计夹紧方案。
4. 能合理设计夹具与车床连接的方式。
5. 能合理设计车床夹具总体结构。
6. 能根据车床夹具精度，判断夹具精度的合理性，促进学生形成逻辑性思维。
7. 能正确地绘制钻床夹具总装配图及零件图，合理地标注尺寸、公差及技术要求，促进学生形成严谨、细致的工作作风。

回到工作情境

图 5-1 所示为隔套零件图，材料为 45 钢，中批量生产，已完成隔套的左端面与内孔 $\phi 72_{0}^{+0.03}$ mm 车削工序，现需完成车削隔套外圆及右端面的工序，工序图如图 5-2 所示，工件机械加工工序卡片见表 5-1，采用 CA6140 车床，现制定车削专用夹具方案，具体要求如下。

1）工序分析。
2）设计定位方案。
3）设计夹紧方案。
4）设计夹具与车床连接装置。
5）分析夹具精度。
6）绘制车床夹具总装配图与零件图。

一、设计前准备

（一）准备设计资料

（二）进行实际调查

二、任务分析

（一）工序分析

（二）工件图样分析

三、设计定位方案

（一）定位基准和加工要求分析

（二）限制自由度分析

1）形状尺寸 $\phi 90_{-0.035}^{0}$ mm，需要限制_____

2）保证同轴度 $\phi 0.06$ mm，需要限制_____

3）保证位置尺寸 $8_{-0.1}^{0}$ mm，需要限制_____

（三）定位元件设计

（四）定位误差分析

1. 针对 $8_{-0.1}^{0}$ mm

2. 针对同轴度 $\phi 0.06$ mm

四、设计夹紧方案

五、设计夹具与车床连接装置

_____

_____

弹性心轴中心线与莫氏 6 号锥柄轴线的同轴度：

_____

弹性心轴轴肩端面与莫氏 6 号锥柄轴线的垂直度：

_____

六、分析夹具精度

1. 针对 $8_{-0.1}^{0}$ mm

$\Delta_{dw1} =$ 　　　　$\Delta_{jw1} =$ 　　　　$\Delta_{jd1} =$

$\Delta = \sqrt{\Delta_{dw1}^{2} + \Delta_{jw1}^{2} + \Delta_{jd1}^{2}} =$

与 $2T/3$ 比较：

判断：_____

2. 针对同轴度 $\phi 0.06$ mm

$\Delta_{dw2} =$ 　　　　$\Delta_{jw2} =$ 　　　　$\Delta_{jd2} =$

$\sqrt{\Delta_{dw2}^{2} + \Delta_{jw2}^{2} + \Delta_{jd2}^{2}} =$

与 $2T/3$ 比较：

判断：_____

七、绘制夹具总装配图及零件图

（一）绘制夹具总装配图

根据总体结构设计，绘制夹具总装配图，并标注必要尺寸及技术要求。

1. 标注尺寸

外形轮廓尺寸：_____

工件与定位元件联系尺寸：_____

夹具与机床的尺寸：_____

其他配合尺寸：_____

2. 技术要求

定位元件之间：_____

定位元件基准与夹具体：_____

（二）绘制零件图

合理地选择零件材料，设计零件结构，并标注尺寸公差及技术要求。

任务五　评价、总结、拓展

任 务 目 标

1. 能够正确表达车床夹具设计方案。
2. 能在交流中比较设计优劣。
3. 能反思本人（本组）制定设计方案中的不足。
4. 能够修正车床夹具设计方案中不合理之处。
5. 能进行相关拓展学习，提升车床夹具设计能力。

一、分组表达

各组同学课前准备好车床夹具设计方案。

各组推荐一名同学表达。

各组发表对其他小组评价意见。

二、评价

教师对各组推荐设计方案进行点评，并根据表5-5对设计方案进行评价。

表5-5　车床夹具设计评价表

序号	内容	配分	评分要求	自评	小组评价	
1	任务分析	8	分析要素完整			
2	设计定位方案	12	选择定位元件合理，自由度分析正确，误差分析正确			
3	设计夹紧方案	10	夹紧机构设计合理，夹紧力作用点、方向选择合理			
4	设计夹具与机床连接装置	10	选择连接方案合理，几何公差标注合理，误差分析正确			
5	分析夹具精度	10	正确计算夹具综合误差，正确判断夹具精度是否满足加工要求			
6	绘制夹具总装配图	15	结构表达清楚，尺寸及技术要求标注合理			
7	绘制零件图	15	结构表达清楚，尺寸及技术要求标注合理			
8	职业规范性	10	遵守课堂纪律、正确使用设备及工量具，遵守安全操作规程			
9	合作与创新	10	小组成员之间能相互合作，设计有创新			
10	合　计	100				

三、梳理小结

（一）车床夹具设计要点

（二）车床夹具设计步骤

（三）学习体会

（四）拓展

外形为套筒类工件，当定位基准选用外圆柱面时，常用 V 形块定位。在实际加工中，这类套筒类零件是怎样进行定位、夹紧的呢？请看微视频"采用 V 形块装夹加工案例"。

采用 V 形
块装夹加
工案例

铣床夹具设计

学 习 目 标

1. 了解铣床夹具的主要类型、结构特点及设计要点。

2. 能自觉遵守铣床安全操作规程，在教师指导下在数控铣床上完成工件加工。

3. 能分析典型铣床夹具工作原理与精度。

4. 能合理地确定铣床夹具的定位与夹紧方案。

5. 能合理地设计铣床夹具体的结构。

6. 能全面地分析铣床夹具精度，判断夹具精度的合理性，促进学生形成系统性、逻辑性思维。

7. 能正确地绘制铣床夹具总装配图和零件图，合理地标注尺寸、公差及技术要求，促进学生形成严谨、细致的工作作风。

建议学时

20 学时。

工作情境描述

如图 6-1 所示轴承盖零件图，材料为 Q235A，中批量生产，毛坯为棒料 ϕ115mm × 110mm，已完成外圆、内孔及端面加工，现需完成铣圆弧槽工序，工序图如图 6-2 所示，机械加工工艺卡见表 6-1，采用 CY-KX850LD 数控铣床加工，现制定铣圆弧槽专用夹具，具体要求如下。

1）任务分析。

2）设计定位方案。

3）设计夹紧方案。

4）设计夹具与铣床连接装置。

5）分析该夹具的精度。

6）绘制夹具总装配图及零件图。

工作流程与任务

任务一　实践感知——在铣床上使用夹具　　　4 学时

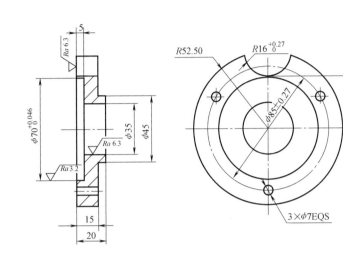

技术要求

未注公差尺寸按GB/T 1804—m。

图 6-1　轴承盖零件图

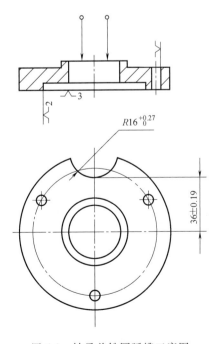

图 6-2　轴承盖铣圆弧槽工序图

表 6-1 铣圆弧槽机械加工工艺卡片

零件名称	轴承盖	零件工艺流程	1) 粗车右端面 $\phi45$mm 外圆、钻内孔；2) 粗车左端面 $\phi105$mm 外圆面 $\phi70^{+0.046}_{0}$ mm 内孔；3) 检验；4) 精车右端面 $\phi45$mm 外圆；5) 精车左端面 $\phi105$mm 外圆，$\phi70^{+0.046}_{0}$ mm 内孔；6) 钻 $3\times\phi7$mm 孔；7) 铣 $R16^{+0.27}_{0}$ mm 圆弧槽；8) 检验入库
零件图号	ZCG01		

第 7 道工序卡	车间	数铣车间	当前工序号	7	工序名称	铣圆弧槽
	毛坯种类	棒料	材料牌号	Q235A	单位工时	<7min

机床	名称	数控铣床
	型号	CY-KX850LD
	编号	03

夹具图号	
夹具名称	

$R16^{+0.27}_{0}$　36 ± 0.19

工步号	工步名称	工具，刀具，量具	进给量/(mm/r)	转速/(r/min)	机动时间/min	辅助时间/min
1	装夹	扳手等				
2	铣圆弧槽	立铣刀 $\phi32$mm，圆弧 R 规，游标卡尺	0.4~0.6	2200	3	2
3	去毛刺	锉刀等				

任务一　实践感知——在铣床上使用夹具

任务目标

1. 能识读零件图、工序图及机械加工工艺卡片。
2. 能指出铣床夹具组成及各零件的作用。
3. 能使用铣床夹具对工件进行装夹。
4. 能把夹具连接到铣床上。
5. 能对工件进行对刀。
6. 能自觉遵守铣床安全操作规程，在教师指导下使用数控铣床夹具完成工件加工。

任务描述

如图 6-3 所示轮毂零件图，材料为铝合金，中批量生产，毛坯为棒料 φ140mm×120mm，已完成外圆、内孔、一端耳朵及孔加工，现需使用专用铣床夹具完成另一端耳朵及孔加工，工序图如图 6-4 所示、机械加工工序卡片见表 6-2。现要求学生在教师指导下完成工件装夹、加工。通过加工回答以下问题。

1）指出铣床夹具组成及各零件的作用。
2）该铣床夹具如何进行定位？
3）该铣床夹具如何夹紧？
4）该铣床夹具与数控铣床工作台如何连接？
5）工件加工时如何实现对刀？
6）影响夹具位置精度的因素有哪些？

一、加工前准备

按规定穿戴好劳保用品，认真识读加工零件图、工序图及机械加工工序卡片。熟悉 CY-KX850LD 数控铣床功能及各操作手柄、按钮作用，熟悉铣床安全操作规程。准备游标卡尺、立铣刀等，熟悉其使用方法。对前轮毂侧盖夹具进行检查，熟悉该夹具的组成及各零件的作用。

二、实施加工任务

学生在教师指导下完成以下操作。
（一）夹具组装
用螺母螺栓连接，将定位心轴装在夹具体上。
（二）夹具定位
将夹具放在数控铣床工作台适当的位置，采用单向接触安装法，即在定位键与工作台 T 形槽连接时，令双键靠向 T 形槽同一侧，以消除对定间隙，然后用螺栓压板将夹具夹紧。

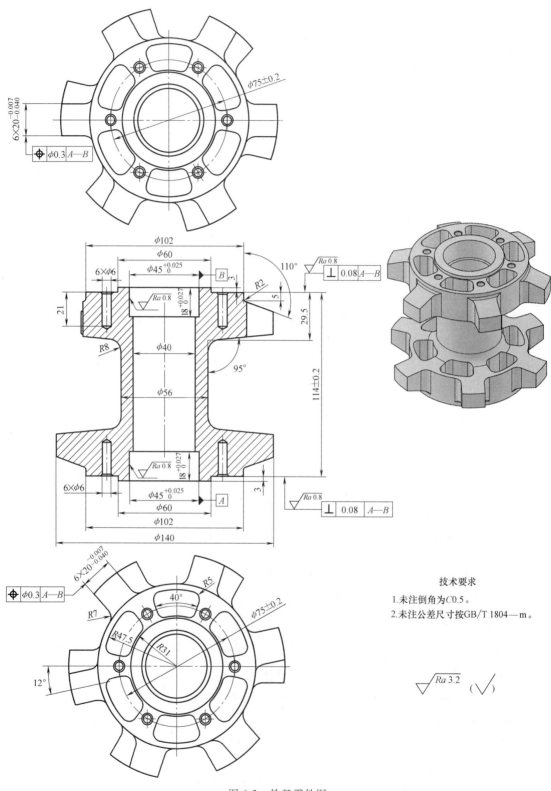

技术要求

1.未注倒角为C0.5。

2.未注公差尺寸按GB/T 1804—m。

图6-3　轮毂零件图

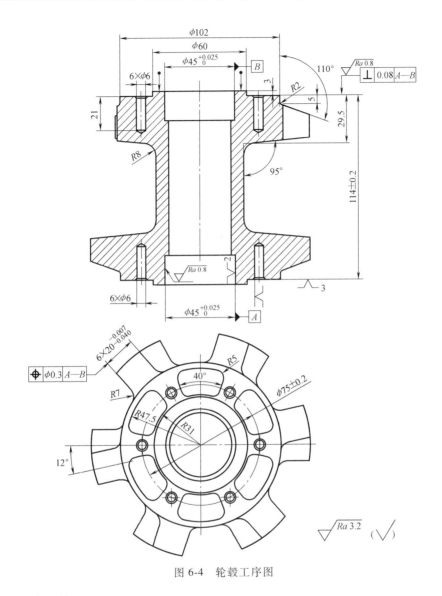

图 6-4 轮毂工序图

（三）工件安装

工件以底面、内孔定位装在定位心轴上后用垫片螺母夹紧，使其加工中工件位置保持不变。

（四）对刀

将寻边器装在数控铣床主轴上，选取心轴 $\phi45\text{mm}$ 外圆柱与轴肩面作为对刀基准，起动主轴，手动进给 X 向让寻边器逐渐接近限位基准面，待寻边器旋转光影稳定后，停止主轴，并在数控系统中输入 X 向数值。以同样方式对 Y 向、Z 向进行对刀。

（五）加工工件

安装刀具，并调用加工程序，关好防护门后进行自动加工。

（六）拆卸、检验

打开防护门，用扳手旋松夹紧工作螺母，将工件取出。按照工序图要求，检测工序质量，并给予记录。

表 6-2 轮毂小端耳朵机械加工工序卡片

零件名称	轮毂	零件工艺流程	1）铸造毛坯；2）粗精车外圆、内孔；3）加工大端耳朵及孔；4）加工小端耳朵及钻孔；5）检验；6）入库		工序名称	加工小端耳朵及钻孔
零件图号	XJ601				单位工时	<3min
		车间	数铣车间	当前工序号	名称	数控铣床
		毛坯种类	棒料	材料牌号	型号	CY-KX850LD
				4	编号	03
				铝合金		
				机床	夹具图号	JT08-01
					夹具名称	轮毂小端耳朵加工夹具

第 4 道工序工序卡

工序图如图 6-4 所示

工具、刀具、量具：立铣刀 φ10mm；φ6.8mm 麻花钻、φ6h7 铰刀；专用塞规、千分尺

工序号	工步名称	进给量 /(mm/r)	主轴转速 /(r/min)	机动时间 /min	辅助时间 /min
1	铣端面槽（小端耳朵）	0.3~1.3	2500	2	2
2	钻铰 6×φ6H7	0.4~0.6	220	3	2
3	检查,拆卸工件				

（七）操作实践

通过轮毂工件夹装、加工，回答以下问题。

1. 指出铣床夹具组成及各零件的作用

轮毂夹具由＿＿＿＿＿＿＿＿＿＿＿＿＿＿＿＿＿＿＿＿＿＿＿＿＿等部分组成。定位装置
的作用＿＿＿＿＿＿＿＿＿＿＿＿＿＿＿＿＿，夹紧机构的作用是＿＿＿＿＿＿＿＿＿＿，夹具体
的作用＿＿＿＿＿＿＿＿＿＿＿＿＿＿＿＿＿＿＿＿＿。

2. 该铣床夹具的定位

该工件以＿＿＿＿＿＿＿＿＿＿＿为定位基准面进行定位，所选择是定位元件分别是＿＿＿
＿＿＿＿＿＿＿＿＿＿＿＿＿＿＿，综合限制＿＿＿＿＿＿＿＿＿＿＿自由度。

3. 该铣床夹具的夹紧

该工件通过＿＿＿＿＿＿＿＿＿＿＿＿＿＿＿＿＿＿进行夹紧，该夹紧机构称为
＿＿＿＿＿＿夹紧机构，该夹紧机构的工作特点＿＿＿＿＿＿＿＿＿＿＿＿＿＿＿＿
＿＿＿＿＿＿。

4. 该铣床夹具与数控铣床工作台的连接

轮毂夹具通过＿＿＿＿＿＿＿、＿＿＿＿＿＿＿与数控铣床工作台连接，令双键靠向 T 形
槽＿＿＿＿＿＿，以消除夹具对定间隙，提高夹具的定位精度。

5. 工件加工时的对刀

该工件通过＿＿＿＿＿进行 X 向、Y 向、Z 向对刀。

6. 在夹具定位中，影响夹具位置精度的因素

在夹具定位中，影响夹具位置精度的因素有＿＿＿＿＿＿＿＿＿＿＿＿＿＿＿＿
＿＿＿＿＿＿＿＿＿＿＿＿＿＿＿＿＿＿＿＿＿＿＿＿＿＿＿＿＿＿＿＿。

使用铣床夹具

任务二　相关知识学习

任 务 目 标

1. 了解铣床夹具主要类型与结构特点。
2. 熟悉铣床夹具的设计要点。
3. 能合理地选择定位键。
4. 能计算定位键与 T 形槽的配合误差。

一、铣床夹具的特点

铣床夹具是指在铣床上加工零件上的平面、凸槽、花键及各种成形面等时用以装夹的工
艺装备。铣削的成形运动包含了铣刀的旋转运动和工件的直线运动。铣床夹具的工作特点是

夹具与工作台及 T 形槽连接，随工作台做进给运动。由于铣削加工时切削量大，且为断续切削，所以铣床夹具受到的铣削力较大，冲击与振动也比较严重。

二、铣床夹具的主要类型

（一）单件铣床夹具

单件铣床夹具多用于加工尺寸较大或定位夹紧方式比较特殊的中小批量工件。图 6-5 所

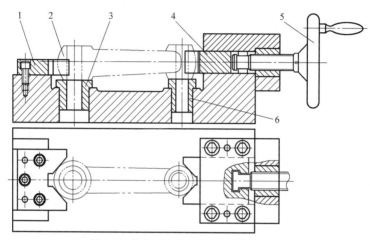

图 6-5　铣削连杆上下端面的铣床夹具

1—固定 V 形块　2—工件　3、6—定位套筒　4—活动 V 形块　5—手轮

示为铣削连杆上下端面的铣床夹具，工件以端面、圆弧面在定位套筒 3 和 6、固定 V 形块 1、活动 V 形块 4 上定位，转动手轮 5，使螺杆旋转向左移动，通过活动 V 形块左移将工件夹紧在固定 V 形块上。

（二）多件装夹的铣床夹具

如图 6-6 所示，7 个圆柱滚子以外圆柱面、端面在 7 个定位活动 V 形块 2、支承板上定位，通过侧向夹紧螺钉 3 夹紧，在铣床上铣削端面槽。由于采用多件装夹铣削，除了多件一次装夹的工时比每个工件单独装夹工时之和可减少外，还减少了铣削单个工件的切入、切出行程时间，因而提高了生产率。

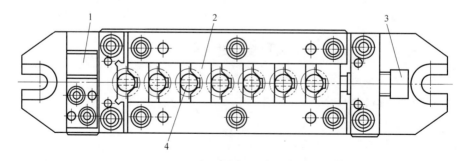

图 6-6　多件装夹的铣床夹具

1—正装直角对刀块　2—定位活动 V 形块　3—侧向夹紧螺钉　4—工件

（三）多工位装夹的铣床夹具

图 6-7 所示为多工位装夹铣连杆端面夹具。连杆以端面、外圆柱面在支承钉、挡销上定

位，通过螺栓压板夹紧对其进行加工。工位Ⅰ工件以未加工端面定位加工另一面，工位Ⅱ工件以已加工端面定位加工另一面。以组合铣刀采用多工位装夹铣床夹具加工，可减少夹具的数量，缩短装夹工件的辅助时间，也可节省单个工件铣削时的切入、切出行程时间，从而提高生产率，降低夹具费用。

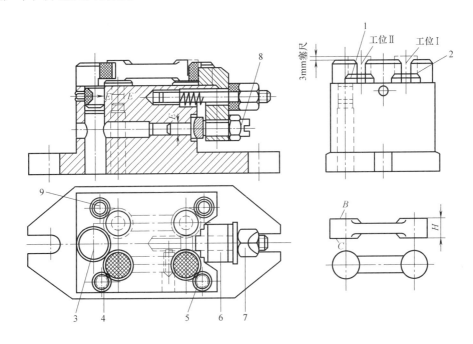

图 6-7　多工位装夹铣连杆端面夹具

1—平面支承钉　2—锯齿形支承钉　3、4、5—挡销　6—压板　7—螺母　8—压板支承螺钉　9—对刀块（挡销）

三、铣床夹具设计要点

（一）定位装置

铣削时一般切削用量和切削力较大，又是多刃断续切削，因此铣削时极易产生振动。设计定位装置时，应特别注意工件定位的稳定性及定位刚性。尽量增大主要支承面积，导向支承的两个支承点要尽量相距远些。止推支承应尽量布置在与切削力相对的工件刚性较好的部位。若工件呈悬臂状态，应采用辅助支承提高工件的安装刚性，防止振动。

铣床夹具的位置误差通常由两部分原因造成，一是定位元件对夹具定位面的位置误差造成，二是夹具定位面与机床定位面的连接配合误差造成。定位元件对夹具定位面的位置要求，一般取工件上相应要求的 $1/2 \sim 1/5$。例如：如图 6-8 所示，心轴//夹具体底面 = $(1/2 \sim 1/5) \times 0.2$mm，心轴/对定位键侧面对称度 = $(1/2 \sim 1/5) \times 0.2$mm。

【例 6-1】　在图 6-8 中，心轴与夹具体底面的平行度公差为 0.05mm，心轴与定位键侧面的对称度公差为 0.04mm，定位键与 T 形槽的配合为 18H7/h6，两键间距 80mm，加工工件长度 40mm，计算铣槽时夹具位置误差 Δ_{jw}。

1）针对键槽底面对孔中心线平行度公差为 0.2mm。

定位元件对夹具定位面的位置误差 $\Delta_{jw1} = 0.05$mm（心轴与工件长度相等）。

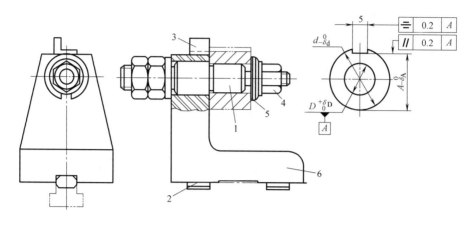

图 6-8　铣床夹具

1—心轴　2—定位键　3—对刀块　4—螺母　5—开口垫圈　6—夹具体

夹具定位面与机床定位面的连接配合误差 $\Delta_{jw2} = 0$。

$\Delta_{jw} = 0.05mm$。

2）针对键槽与孔轴线对称度公差为 0.2mm。

定位元件对夹具定位面的位置误差 $\Delta_{jw1} = 0.04mm$（心轴与工件长度相等）。

夹具定位面与机床定位面的连接配合误差 Δ_{jw2}：

因定位键与 T 形槽的配合为 18H7/h6（$18H7 = 18^{+0.018}_{0}$ mm，$18h6 = 18^{0}_{-0.011}$ mm），造成最大间隙 $\Delta_{max} = 0.018mm - (-0.011mm) = 0.029mm$。

由于两键间距 80mm，加工工件长度 40mm，得：

$$\Delta_{jw2} = 0.029mm \times 40/80 = 0.015mm$$

$$\Delta_{jw} = \Delta_{jw1} + \Delta_{jw2} = 0.04mm + 0.015mm = 0.055mm$$

（二）夹紧机构

设计夹紧机构应保持足够的夹紧力，且具有良好的自锁性能，以防止夹紧机构因振动而松夹。施力的方向和作用点要恰当，并尽量靠近加工表面，必要时设置辅助夹紧机构以提高夹紧刚度。对于切削用量较大的手动夹紧，应优先选用螺旋夹紧机构。

（三）定位键

定位键是连接铣床夹具与铣床之间的元件，其在夹具体的安装平面上加工成纵向，一般为两个。通过定位键与铣床工作台上 T 形槽的配合，确定夹具在机床中的正确位置。图 6-9 所示定位键还可承受铣削时产生的转矩，以减少夹具固定螺栓的负荷，加强夹具在加工中的稳定性。

常用的定位键已标准化，材料为 45 钢，热处理硬度为 40~45HRC，分 A 型、B 型两种，如图 6-10 所示，可选用 H7/h6 或 JS6/h6 的配合与夹具体的安装槽配合。A 型定位键为单一工作尺寸型，即它靠同一个键宽 B 同时与夹具体导向槽和工作台 T 形槽构成配合关系，当工作台 T 形槽质量不一时，将会影响夹具的导向精度。当定位精度要求高时，一般选用 B 型定位键。B 型定位键把上下两部分配合作用尺寸分开，中间设置 2mm 退刀槽，上半部键宽与夹具体导向槽配合，下半部与工作台 T 形槽的配合，留有 0.5mm 的配研磨量，将按 T 形槽的具体尺寸来配作。定位键（JB/T 8016—1999）具体结构尺寸见附表 10。

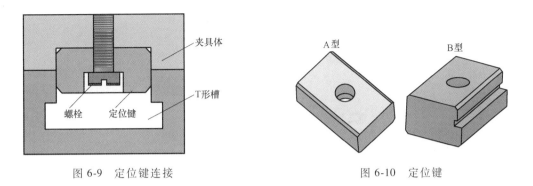

图 6-9　定位键连接　　　　　　　　图 6-10　定位键

（四）对刀装置

夹具在机床上安装完毕，在进行加工之前，一般需要调整刀具相对夹具定位元件位置关系，以保证刀具相对于工件处于正确的位置，这个过程称为对刀。对刀装置由基座、对刀块和塞尺组成，如图 6-11a 所示。

通常，可根据情况直接采用标准对刀块，如图 6-11b 所示。当然也可以另行设计。对刀块用销和螺钉紧固在夹具体上，其位置应在进给方向后方，以便于使用塞尺对刀，不妨碍工件的装夹。对刀块常用 T7A 制造，淬火硬度为 55~60HRC。

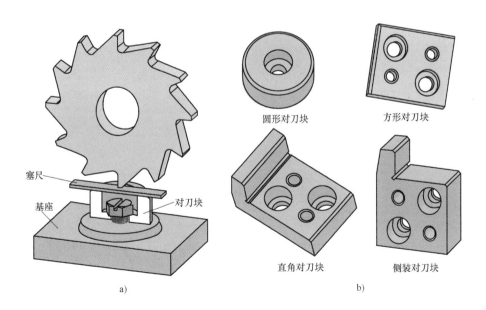

图 6-11　对刀装置及标准对刀块

a）对刀装置　b）标准对刀块

塞尺如图 6-12 所示。图 6-12a 所示为平面塞尺，厚度常取 1mm、2mm、3mm；图 6-12b 所示为圆柱塞尺，直径常取 3mm、5mm。两种塞尺尺寸公差均按 h6 精度制造。塞尺常用 T7A 制造，淬火硬度为 60~64HRC。

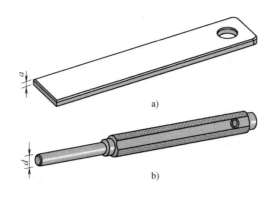

图 6-12 塞尺

a）平面塞尺 b）圆柱塞尺

工厂提示

当加工精度要求较高或不便于设置对刀时，可采用寻边法、试切法或采用百分表找正刀具相对于定位元件的位置。

（五）夹具的总体结构与夹具体

为了提高铣床夹具在机床上安装的稳定性和动态下的抗振性能，在进行夹具的总体结构设计时，各种装置应紧凑，加工面应尽可能靠近工作台面，以降低夹具重心，一般控制夹具体高度 H 与宽度 B 之比≤1～1.25。

铣床夹具的夹具体应具有足够的刚度和强度，必要时设置加强肋。此外，还应合理地设置耳座，以便与工作台连接。常用的耳座结构如图 6-13 所示，有关尺寸可查阅《现代夹具设计手册》。如果夹具体的宽度尺寸较大，可在同一侧设置两个耳座，两耳座之间的距离应和铣床工作台两 T 形槽之间的距离相一致。

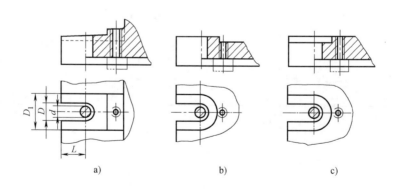

图 6-13 常用的耳座结构

a）台阶式耳座 b）凸出式耳座 c）内凹式耳座

铣削加工时会产生大量的切屑，夹具应具有足够的排屑空间，并注意切屑的流向，使清理切屑方便。对于重型铣床夹具，在夹具体上应设置吊环，以便于搬运。

【思考与练习】

图 6-14 所示为轴端槽铣削工序图。本工序需在直径为 $\phi 45h7$ 的圆柱面的端面上铣削一个槽，槽的宽度为 $8^{+0.05}_{0}$ mm，深度为 10mm；槽相对 $\phi 45h7$ 圆柱面轴线的对称度公差为 0.05mm，精度高求较高。材料为 45 钢，批量为 300 件。现设计夹具结构如图 6-15 所示，V 形块中心线对键侧面的平行度公差为 0.05mm，已知定位键与 T 形槽的配合为 14H7/h6，两键间距 160mm，试计算由于定位键与 T 形槽配合引起的夹具位置误差。

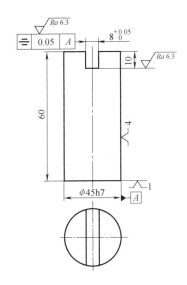

图 6-14 轴端槽铣削工序图

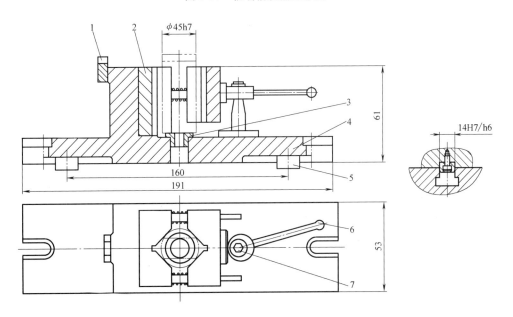

图 6-15 铣削轴端槽的铣床夹具

1—对刀块 2—V 形块 3—支承套 4—夹具体 5—定位键 6—手柄 7—偏心轮

任务三　样例学习

任务目标

1. 能分析定位元件所限定工件的自由度及定位方式。

2. 能分析铣床夹具与铣床连接方式。

3. 能分析计算夹具位置误差。

4. 能分析铣床夹具结构设计的合理性。

5. 能全面地分析铣床夹具精度，学会判断夹具精度合理性的方法，促进学生形成系统性、逻辑性思维。

6. 能标注夹具总装配图上尺寸、公差及技术要求。

任务描述

如图 6-16 所示前轮毂侧盖零件图，材料为铝合金，中批量生产，毛坯为棒料 $\phi175mm\times55mm$，已完成外圆、内孔及端面加工，现需使用铣床夹具在 CY-KX850LD 数控铣床上完成铣端面槽及孔 $6\times\phi8H7$ 孔的加工，工序图如图 6-17 所示，机械加工工序卡片见表 6-3。现设

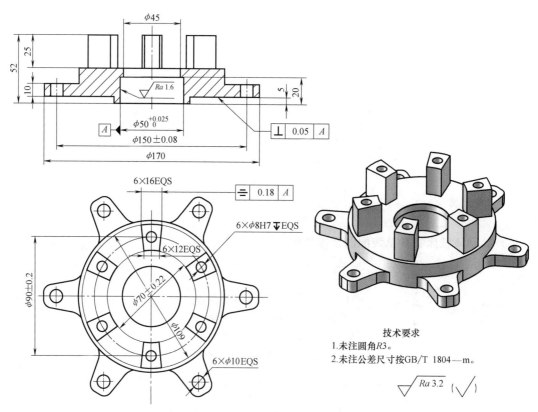

图 6-16　前轮毂侧盖零件图

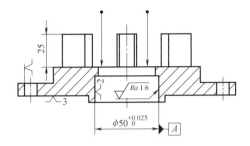

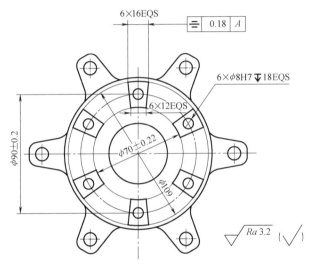

图 6-17　前轮毂侧盖工序图

计铣床专用夹具。具体要求如下。

　　1）任务分析。

　　2）设计定位方案。

　　3）设计夹紧方案。

　　4）设计夹具与铣床连接装置。

　　5）分析该铣床夹具精度。

　　6）绘制该铣床夹具总装配图及零件图。

一、夹具设计前准备

（一）准备设计资料

收集零件图、机械加工工序卡片等夹具设计的生产原始资料，收集《机械零件设计手册》《现代夹具设计手册》《机械加工工艺手册》等工具用书。

（二）进行实际调查

深入生产实际，了解工件材料及上道工序加工情况，了解 CY-KX850LD 数控铣床操作性能，了解本工序加工使用的刀具，了解同类夹具在生产实际中设计、制造和使用情况。

表 6-3 铣端面槽机械加工工序卡片

零件名称	前轮毂侧盖	零件工艺流程	1)铸造毛坯;2)粗精车外圆,内孔;3)钻铰6×φ10mm孔;4)铣端面槽及6×φ8H7孔的加工;5)检验;6)入车		工序名称	铣端面槽及6×φ8H7孔的加工
零件图号	XJ601				单位工时	<3min
		车间	数铣车间	当前工序号	4	
第4道工序工序卡		毛坯种类	棒料	材料牌号	铝合金	
						名称：数控铣床
				机床		型号：CY-KX850LD
						编号：03
				夹具图号		
				夹具名称		工具,刀具,量具

工步号	工步名称	进给量 /(mm/r)	转速 /(r/min)	机动时间 /min	辅助时间 /min	工具,刀具,量具
1	铣端面槽	0.3~1.3	2500	2	2	立铣刀 φ10mm
2	钻铰 6×φ8H7 孔	0.4~0.6	220	3	2	φ7.8mm 麻花钻,φ8h7 铰刀
3	检查,拆卸工件					专用塞规,游标卡尺

二、任务分析

（一）工序分析

1）该零件为盘类零件，材料为铝合金，强度较好，结构简单。

2）零件外形尺寸大小适中，本工序在 CY-KX850LD 数控铣床完成铣端面槽及孔的加工，切削力不大，夹紧要求不高。

3）该零件本道工序前期各表面已完成加工，本工序加工精度要求较高，所以在设计夹具时，其精度和复杂程度应适中。

4）该零件为中批量生产。

（二）图样分析

1）槽的两侧对称平面对 $\phi 50^{+0.025}_{0}$ mm 的对称度公差为 0.18mm。

2）孔 $6 \times \phi 8H7$ 的位置尺寸 $\phi 90mm \pm 0.2mm$，定形尺寸由铰刀保证。

3）其他尺寸按 GB/T 1804—m。

三、设计定位方案

（一）本工序加工理论应限制自由度

工序尺寸为 $\phi 90mm \pm 0.2mm$，键的两侧对称平面对 $\phi 50^{+0.025}_{0}$ mm 的对称度公差为 0.18mm，工序基准为孔的轴线。要满足加工要求理论应限制自由度为 $\vec{X}$、$\hat{X}$、$\vec{Y}$、$\hat{Y}$、$\vec{Z}$。

（二）定位基准分析

根据工序图，工件加工的定位基准面为工件底面、$\phi 50^{+0.025}_{0}$ mm 内孔面、$\phi 10mm$ 内孔面，即为一面两销定位。

（三）设计或选用定位元件

选择定位心轴。定位心轴端面与工件底面接触，可消除一个移动、两个转动自由度，即 $\hat{X}$、$\hat{Y}$、$\vec{Z}$。心轴短圆柱面 $\phi 50g6$ 与工件 $\phi 50^{+0.025}_{0}$ mm 内孔接触，可消除两个移动自由度，即 $\vec{X}$、$\vec{Y}$。选择防转菱形销 $\phi 10mm$，与工件 $\phi 10mm$ 孔接触，消除一个转动自由度，即 $\hat{Z}$。定位方案如图 6-18 所示。

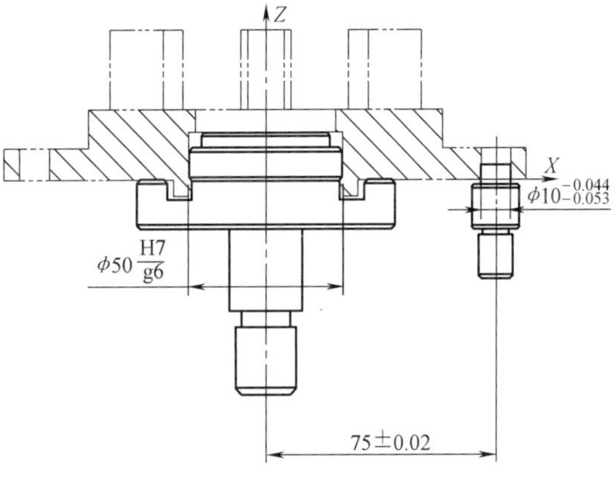

图 6-18　定位方案

（四）确定两销结构尺寸

布置销位：圆柱销布置在大孔 $\phi 50^{+0.025}_{0}$ mm 中，菱形销布置在 $\phi 150mm \pm 0.08mm$ 的圆周上，孔间距：$L \pm \Delta_K = 75mm \pm 0.04mm$。

确定销间距：$L \pm \Delta_J = L \pm (1/2 \sim 1/5)\Delta_K = 75mm \pm (1/2 \sim 1/5) \times 0.04mm = 75mm \pm 0.02mm$。

确定圆柱销的直径：$d_1 = D_1 g6 = \phi 50^{-0.009}_{-0.025}$ mm

确定菱形销的直径 $d_2 = \phi 10mm$，查表 2-4 得 $b = 4mm$。

$\Delta_2 = (2b/D_2)(\Delta_K + \Delta_J - \Delta_1/2) = (2 \times 4/10) \times (0.04 + 0.02 - 0.009/2)mm = 0.044mm$

$d_2 = (D_2 - \Delta_2)h6 = \phi(10 - 0.044)^{0}_{-0.009}mm = \phi 10^{-0.044}_{-0.053}mm$

（五）计算定位误差

1. $\phi 90\text{mm} \pm 0.2\text{mm}$ 定位误差

定位基准为孔 $\phi 50^{+0.025}_{0}\text{mm}$ 的轴线，工序基准为 $\phi 50^{+0.025}_{0}\text{mm}$ 中心线，基准重合，故 $\Delta_{jb1} = 0$。

工件以 $\phi 50\text{H7}$ 圆孔定位，为任意边接触，其配合为 $\phi 50\text{H7/g6}$。已知：$\phi 50\text{H7} = \phi 50^{+0.025}_{0}\text{mm}$，$\phi 50\text{g6} = \phi 50^{-0.009}_{-0.025}\text{mm}$，故 $\Delta_{db1} = X_{max} = +0.025\text{mm} - (-0.025\text{mm}) = 0.05\text{mm}$

$$\Delta_{dw1} = \Delta_{jb1} + \Delta_{db1} = 0 + 0.05\text{mm} = 0.05\text{mm}$$

$$T_1 = 0.4\text{mm}, T_1/3 = 0.133\text{mm}$$

$$\Delta_{dw1} = 0.05\text{mm} < T_1/3$$

因此，该定位方案能满足 $\phi 90\text{mm} \pm 0.2\text{mm}$ 尺寸加工要求。

2. 对称度 0.18mm 的定位公差

定位基准为孔 $\phi 50^{+0.025}_{0}\text{mm}$ 的轴线，工序基准为 $\phi 50^{+0.025}_{0}\text{mm}$ 中心线，基准重合，故 $\Delta_{jb2} = 0$

$$\Delta_{db2} = X_{max} = 0.025\text{mm} - (-0.025\text{mm}) = 0.05\text{mm}$$

$$\Delta_{dw2} = \Delta_{jb2} + \Delta_{db2} = 0 + 0.05\text{mm} = 0.05\text{mm}$$

$$T_2 = 0.18\text{mm}, T_2/3 = 0.06\text{mm}$$

$$\Delta_{dw2} = 0.05\text{mm} < T_2/3 = 0.06\text{mm}$$

因此，该定位方案能满足对称度 0.18mm 加工要求。

四、设计夹紧方案

根据总体结构布局，结合铣床夹具结构及工件夹紧的要求，在定位心轴上设置内螺纹，采用开口垫圈加六角头螺栓的快速夹紧机构，夹紧力垂直于主要定位基准面。夹紧方案如图 6-19 所示。因工件刚性较好，夹紧产生的加工误差可忽略不计。

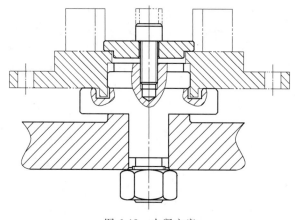

图 6-19 夹紧方案

五、确定对刀方案

应用寻边器对刀，将寻边器装在数控铣床主轴上，选取 $\phi 50\text{mm}$ 心轴外圆柱面、上端面作为对刀基准进行对刀。工序基准为孔 $\phi 50^{+0.025}_{0}\text{mm}$ 的轴线，而对刀基准为 $\phi 50\text{mm}$ 心轴外圆柱面，两个基准重合。在工序基准与对刀基准重合的情况下，由于寻边误差较小，对刀误差可忽略不计。

六、设计夹具与铣床连接装置

铣床夹具以夹具体底面、定位键侧面与铣床工作台面、T形槽侧面接触定位，采用定位键，将夹具连接在铣床上（图6-20），然后用螺栓压板将夹具压紧在铣床工作台面上。

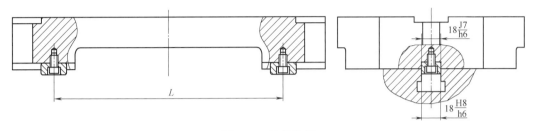

图6-20 连接装置

（一）确定夹具体

夹具体采用灰铸铁 HT200 铸造加工而成。夹具体底面与铣床工作台面两边接触。在夹具体上两侧设置 U 形耳座，供固定夹具用。在夹具体底面两侧加工有键槽，供安装定位键。定位心轴与夹具体的连接采用平键定位，定位心轴底端螺纹与螺母紧固。定位心轴轴线对夹具体底面的垂直度取工件尺寸 $\phi90\text{mm}\pm0.2\text{mm}$ 公差的 1/5，即 $1/5\times0.4\text{mm}=0.08\text{mm}$。

（二）确定定位键

本工序所使用 CY-KX850LD 数控铣床，T 形槽宽度为 18H8 $\left(^{+0.027}_{0}\right)$，选择定位键 A18h6（JB/T 8016—1999），结构尺寸查《现代夹具设计手册》。两个定位键 A18h6 $\left(^{0}_{-0.011}\right)$ 布置于夹具体两侧键槽，夹具定位键与 T 形槽的最大配合间隙为 0.038mm，确定 $L=220\text{mm}$。取定位心轴中心线对键槽两侧面的平行度取工件对称度的 1/5，即 $1/5\times0.18\text{mm}=0.036\text{mm}$。

（三）计算夹具位置误差

1. 对于 $\phi90\text{mm}\pm0.2\text{mm}$

该误差由定位心轴轴线对夹具体底面的垂直度引起，现设计定位心轴 $\phi50\text{mm}$ 长度为 10mm，孔加工深度为 18mm，故得

$$\Delta_{\mathrm{jw1}}=0.08\text{mm}\times\frac{18}{10}\approx0.144\text{mm}$$

2. 对于对称度 0.18mm

该误差由两部分组成：一部分是由定位心轴中心线对键槽两侧面的平行度误差引起，心轴中心线对键槽两侧面的平行度公差为 0.036mm，定位心轴 $\phi50\text{mm}$ 长度为 10mm，端面槽的高度 25mm；另一部分是定位键与 T 形槽的配合间隙引起，夹具定位键与 T 形槽的最大配合间隙为 0.038mm，两定位键的中心距为 220mm，端面槽最大加工尺寸为 $\phi109\text{mm}$。故得

$$\Delta_{\mathrm{jw2}}=0.036\text{mm}\times\frac{25}{10}+0.038\text{mm}\times\frac{109}{220}=0.109\text{mm}$$

七、分析夹具精度

（一）对于尺寸 $\phi90\text{mm}\pm0.2\text{mm}$

$$\Delta_{\mathrm{dw1}}=0.050\text{mm} \quad \Delta_{\mathrm{jw1}}=0.144\text{mm} \quad \Delta_{\mathrm{jd1}}=0$$

$$\Delta = \sqrt{\Delta_{dw1}^2 + \Delta_{jw1}^2 + \Delta_{jd1}^2} = \sqrt{0.050^2 + 0.144^2 + 0}\,\text{mm} = 0.152\,\text{mm} < \frac{2}{3}T = 0.267\,\text{mm}$$

能满足该项加工要求。

（二）对于对称度 0.18mm

$$\Delta_{dw2} = 0.050\,\text{mm} \qquad \Delta_{jw2} = 0.109\,\text{mm} \qquad \Delta_{jd2} = 0$$

$$\Delta = \sqrt{\Delta_{dw2}^2 + \Delta_{jw2}^2 + \Delta_{jd2}^2} = \sqrt{0.05^2 + 0.109^2 + 0}\,\text{mm} = 0.12\,\text{mm} = \frac{2}{3}T$$

能满足该项加工要求。

结论：所设计的夹具满足加工要求，方案可行。

八、绘制夹具总装配图及零件图

铣床夹具结构
与工作原理

（一）绘制夹具总装配图

根据总体结构设计，该铣端面槽及 6×ϕ8H7 孔加工夹具的结构由夹具体、定位心轴、菱形销、定位键等组成，如图 6-19 所示。

1. 标注尺寸

外形轮廓尺寸：300mm×180mm×115mm。

工件与定位元件联系尺寸：$\phi 50\,\dfrac{\text{H7}}{\text{g6}}$。

夹具与机床的联系尺寸：$18\,\dfrac{\text{H8}}{\text{h6}}$。

其他配合尺寸：$\phi 12\,\dfrac{\text{H7}}{\text{js6}}$ 等。

2. 技术要求

定位心轴轴线与菱形销轴线的平行度误差≤0.02mm∶100mm。

定位心轴大定位面与夹具体底面的平行度误差≤0.02mm∶100mm。

定位心轴轴线与夹具体底面的垂直度误差≤ϕ0.08mm。

定位心轴轴线与定位键侧面的平行度误差≤0.036mm∶220mm。

技术要求如图 6-21 所示。

（二）绘制零件图

1. 定位心轴

定位心轴与工件上内孔、底面接触进行定位，安装在夹具体上，采用 T8A 钢，淬火 48~52HRC，其结构及要求如图 6-22 所示。

2. 菱形销

菱形销与工件上 ϕ10 内孔配合起防转作用。菱形销采用 T8A 钢，淬火 48~52HRC，其结构及要求如图 6-23 所示。

3. 夹具体

夹具体通过定位心轴、垫圈、螺母等零件将工件定位、夹紧，通过定位键将夹具连接到数控铣床。夹具体材料可选用 HT200，也可选用 45 钢，其结构及要求如图 6-24 所示。

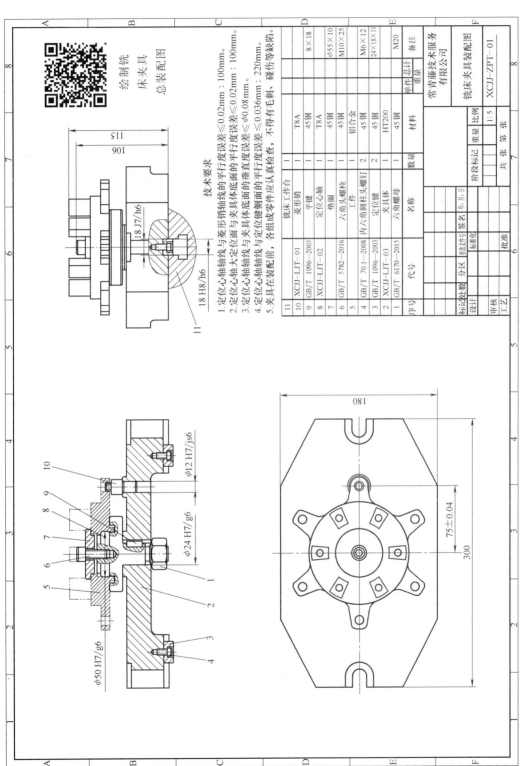

图 6-21 铣床夹具总装配图

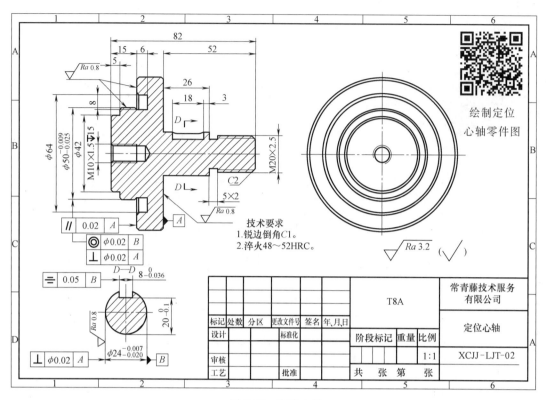

图 6-22　定位心轴

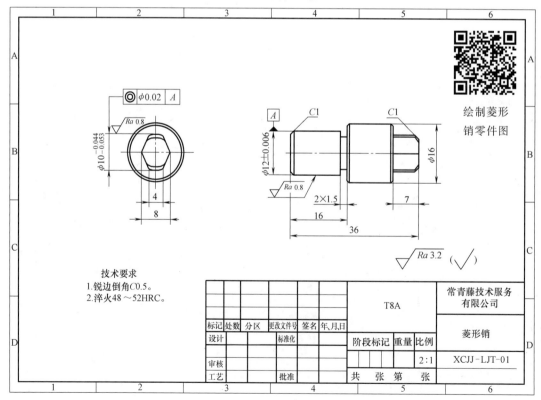

图 6-23　菱形销

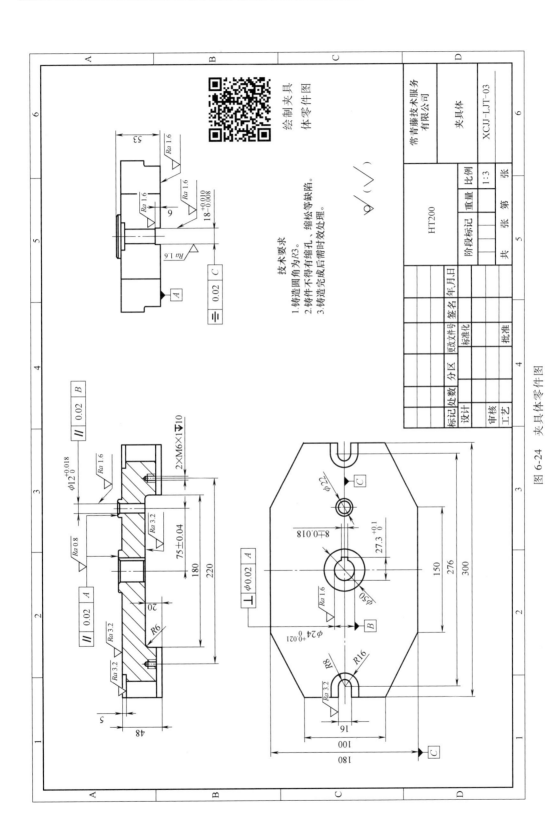

图6-24 夹具体零件图

4. 垫圈

垫圈用于工件夹紧，受到夹紧力的作用。其底面与工件接触，内孔与六角头螺栓配合。垫圈材料可选 45 钢，其结构及要求如图 6-25 所示。

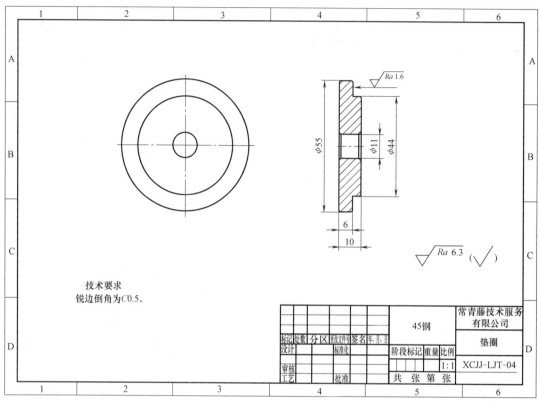

图 6-25　垫圈

任务四　项目实施

任务目标

1. 能分析铣床夹具设计任务。

2. 能设计定位方案与定位装置。

3. 能设计夹紧方案与夹紧机构。

4. 能选择对刀方式。

5. 能设计夹具与铣床连接装置。

6. 能全面地分析铣床夹具精度，判断夹具精度合理性，促进形成系统性、逻辑性思维。

7. 能正确地绘制铣床夹具总装配图和零件图，合理地标注尺寸、公差及技术要求，促进形成严谨、细致的工作作风。

回到工作情境

如图 6-1 所示轴承盖零件图，材料为 Q235A，中批量生产，毛坯为棒料 $\phi115mm \times 110mm$，已完成外圆、内孔及端面加工，现需完成铣圆弧槽工序，工序图如图 6-2 所示，机械加工工艺卡见表 6-1，采用 CY-KX850LD 数控铣床加工，现制定铣圆弧槽专用夹具，具体要求如下。

1）任务分析。

2）设计定位方案。

3）设计夹紧方案。

4）设计夹具与铣床连接装置。

5）分析该夹具的精度。

6）绘制夹具总装配图及零件图。

一、设计前准备

二、任务分析

（一）工序分析

（二）工件图样分析

三、设计定位方案

（一）本工序加工理论应限制自由度

先在工序上标注坐标轴，再根据加工精度要求，分析理论应限制自由度。

工序尺寸为：_____

要满足加工要求理论应限制自由度：_____

（二）定位基准分析

根据工序图，选择的定位基准面分别是_____

（三）定位元件选择

（说明选用什么定位元件，如何与定位基准面配合）

（四）确定两销尺寸

布置销位：圆柱销布置在 _____ ，菱形销布置在 _____

确定销间距：$L\pm\Delta_J =$ _____

确定圆柱销的直径：$d_1 = D_1 g6 =$ _____

确定菱形销的直径：$d_2 =$ _____ ，查表 2-4 得 $b =$ _____

$\Delta_2 = (2b/D_2)(\Delta_K + \Delta_J - \Delta_1/2) =$ _____

$d_2 = (D_2 - \Delta_2) h6 =$ _____

（五）计算定位误差

1. 针对 36mm±0.19mm

_____

2. 针对 $R16^{+0.27}_{0}$ mm

_____

（六）定位元件布局

_____

_____

四、设计夹紧方案

_____

_____

_____

五、确定对刀方案

_____

_____

_____

_____

_____

六、设计夹具与铣床连接装置

（一）确定夹具体

夹具体采用的材料、主要结构： _____

_____

定位心轴轴线对夹具体底面的垂直度：_____

（二）确定定位键

CY-KX850LD 数控铣床，T 形槽宽度_____

定位键型号：_____，宽度：_____，两键之间距离 L：_____。

（三）计算夹具位置误差

1. 针对 $36\text{mm}\pm0.19\text{mm}$

_____

_____

_____

2. 针对 $R16^{+0.27}_{0}\text{mm}$

_____

_____

_____

七、分析夹具精度

（一）针对 $36\text{mm}\pm0.19\text{mm}$

$\Delta_{\text{dw1}} =$　　　　$\Delta_{\text{jw1}} =$　　　　$\Delta_{\text{jd1}} =$

$\sqrt{\Delta^2_{\text{dw1}}+\Delta^2_{\text{jw1}}+\Delta^2_{\text{jd1}}} =$

与 $2T/3$ 比较：

判断：_____

（二）针对 $R16^{+0.27}_{0}\text{mm}$

$\Delta_{\text{dw2}} =$　　　　$\Delta_{\text{jw2}} =$　　　　$\Delta_{\text{jd2}} =$

$\sqrt{\Delta^2_{\text{dw2}}+\Delta^2_{\text{jw2}}+\Delta^2_{\text{jd2}}} =$

与 $2T/3$ 比较：

判断：_____

八、绘制夹具总装配图及零件图

（一）绘制总装配图

根据总体结构设计，绘制夹具总装配图，并标注必要尺寸及技术要求。

1. 标注尺寸

外形轮廓尺寸：_____

工件与定位元件联系尺寸：_____

夹具与机床的尺寸：_____

其他配合尺寸：_____

2. 技术要求

定位元件之间：_____

定位元件基准与夹具体底面：_____

_____

定位元件基准与定位键侧面：_____

（二）绘制零件图

合理地选择零件材料，设计零件结构，并标注尺寸公差及技术要求。

任务五 评价、总结、拓展

任 务 目 标

1. 能够正确表达铣床夹具设计方案。
2. 能在交流中比较设计优劣。
3. 能反思本人（本组）制定设计方案中的不足。
4. 能够修正铣床夹具设计方案中不合理之处。
5. 能进行相关拓展学习，提升铣床夹具设计能力。

一、分组表达

各组同学课前准备好铣床夹具设计方案。

各组推荐一名同学表达。

各组发表对其他小组评价意见。

二、评价

教师对各组推荐设计方案进行点评，并根据表6-4对设计方案进行评价。

表6-4　铣床夹具设计评价表

序号	内容	配分	评分要求	自评	教师评价	
1	任务分析	8	分析要素完整			
2	设计定位方案	12	选择定位元件合理，自由度分析正确，误差分析正确			
3	设计夹紧方案	10	夹紧机构设计合理，夹紧力作用点、方向选择合理			
4	设计夹具与铣床连接装置	10	选择定位键合理，几何公差标注合理，误差分析正确			
5	分析夹具精度	10	正确计算夹具综合误差，正确判断夹具精度是否满足加工要求			
6	绘制夹具总装配图	15	结构表达清楚，尺寸及技术要求标注合理			
7	绘制零件图	15	结构表达清楚，尺寸及技术要求标注合理			

（续）

序号	内容	配分	评分要求	自评	教师评价	
8	职业规范性	10	遵守课堂纪律,正确使用设备及工量具,遵守安全操作规程			
9	合作与创新	10	小组成员之间能相互合作,设计有创新			
10	合 计	100				

三、梳理小结

（一）铣床夹具设计要点

_____

_____

（二）铣床夹具设计步骤

_____

_____

（三）学习体会

_____

_____

（四）拓展

轴类零件、支架类零件在机械行业中应用广泛,那么,针对轴类工件键槽加工、支架类工件平面及孔加工是怎样定位、夹紧、对刀、加工的呢?请看微视频"轴类工件加工案例"与"支架类工件加工案例"。

轴类工件　支架类工件
加工案例　加工案例

附表1 定位、夹紧符号（摘自 JB/T 5061—2006）

分类 / 标注位置		独立		联动	
		标注在视图轮廓线上	标注在视图正面	标注在视图轮廓线上	标注在视图正面
定位点	固定式				
	活动式				
辅助支承					
手动夹紧					
液压夹紧					
气动夹紧					

示例(阿拉伯数字表示所限制的自由度数，为1时可不标)

附表 2　支承钉（摘自 JB/T 8029.2—1999）　　　　　　　　（单位：mm）

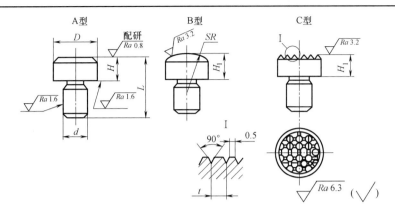

标记示例：

$D=16$mm、$H=8$mm 的 A 型支承钉：

支承钉 A16×8　JB/T 8029.2—1999

D	H	H_1		L	d		SR	t
		公称尺寸	极限偏差 h11		公称尺寸	极限偏差 r6		
5	2	2	0 -0.06	6	3	+0.016 +0.010	5	1
	5	5		9				
6	3	3	0 -0.075	8	4		6	
	6	6		11				
8	4	4		12	6	+0.023 +0.015	8	
	8	8	0 -0.090	16				12
12	6	6	0 -0.075		8	+0.028 +0.019	12	
	12	12	0 -0.110	22				
16	8	8	0 -0.090	20	10		16	
	16	16	0 -0.110	28				15
20	10	10	0 -0.090	25	12	+0.034 +0.023	20	
	20	20	0 -0.130	35				
25	12	12	0 -0.110	32	16		25	
	25	25	0 -0.130	45				
30	16	16	0 -0.110	42	20	+0.041 +0.028	32	2
	30	30	0 -0.130	55				
40	20	20		50	24		40	
	40	40	0 -0.160	70				

附表 3　支承板（摘自 JB/T 8029.1—1999）　　　　　　　（单位：mm）

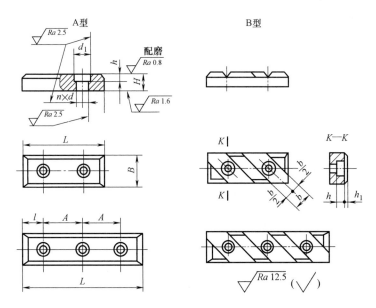

标记示例：

$D = 16mm$、$L = 100mm$ 的 A 型支承板：

支承板 A16×100 JB/T 8029.1—1999

H	L	B	b	l	A	d	d_1	h	h_1	孔数 n
6	30	12	—	7.5	15	4.5	8	3	—	2
6	45	12	—	7.5	15	4.5	8	3	—	3
8	40	14		10	20	5.5	10	3.5		2
8	60	14		10	20	5.5	10	3.5		3
10	60	16	14	15	30	6.6	11	4.5		2
10	90	16	14	15	30	6.6	11	4.5		3
12	80	20			40				1.5	2
12	120	20			40				1.5	3
16	100	25	17	20		9	15	6		2
16	160	25	17	20	60	9	15	6		3
20	120	32			60					2
20	180	32								3
25	140	40	20	30	80	11	18	7	2.5	2
25	220	40	20	30	80	11	18	7	2.5	3

附表4　六角头支承（摘自 JB/T 8026.1—1999）　　　　（单位：mm）

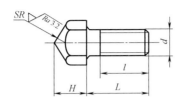 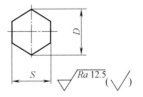

标记示例：

d = M10、L = 25mm 的六角头支承：

支承 M10×25 JB/T 8026.1—1999

d	M5	M6	M8	M10	M12	M16	M20	M24	M30	M36
D≈	8.63	10.89	12.7	14.2	17.59	23.35	31.2	37.29	47.3	57.7
H	6	8	10	12	14	16	20	24	30	36
SR	5						12			
S 公称尺寸	8	10	11	13	17	21	27	34	41	50
S 极限偏差	0 / −0.220			0 / −0.270			0 / −0.330		0 / −0.620	

L	l M5	M6	M8	M10	M12	M16	M20	M24	M30	M36
15	12	12								
20	15	15	15							
25	20	20	20	20						
30		25	25	25	25					
35			30	30	30	30				
40		35	35	35	35	35	30			
45			35	35	35	35	35	30		
50			40	40	40	40	35	35		
60				45	45	45	40	40	35	
70						50	50	50	45	45
80						60	60	55	50	50
90							60	60	60	50
100							70	70	60	60
120								80	70	60
140									100	90
160										100

附表5　圆柱头调节支承（摘自 JB/T 8026.3—1999）　　　　　　（单位：mm）

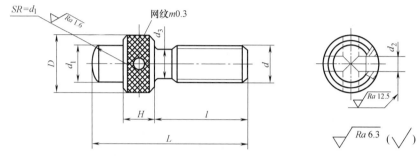

标记示例：

d = M10、L = 45mm 的圆柱头调节支承：

支承 M10×45　JB/T 8026.3—1999

d	M5	M6	M8	M10	M12	M16	M20
D(滚花前)	10	12	14	16	18	22	28
d_1	5	6	8	10	12	16	20
d_2		3		4	5	6	8
d_3	3.7	4.4	6	7.7	9.4	13	16.4
H		6		8	10	12	14
L				l			
25	15						
30	20	20					
35	25	25	25				
40	30	30	30	25			
45	35	35	35	30			
50		40	40	35	30		
60		50	45	40			
70			55	50	45		
80				60	55	50	
90					65	60	
100					75	70	
120						90	

附表6　固定式定位销（摘自 JB/T 8014.2—1999）　　　　　（单位：mm）

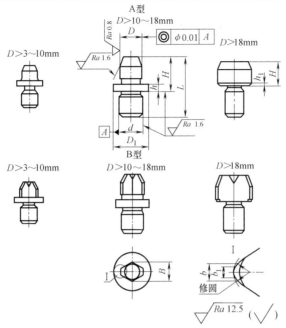

标记示例：

$D=11.5$ mm、公差带为 f7、$H=14$ mm 的 A 型固定式定位销：

定位销 A11.5f7×14　JB/T 8014.2—1999

D	H	d		D_1	L	h	h_1	B	b	b_1
		公称尺寸	极限偏差 r6							
>3~6	8	6	+0.023 +0.015	12	16	3		D-0.5	2	1
	14				22	7				
>6~8	10	8	+0.028 +0.015	14	20	3		D-1	3	2
	18				28	7				
>8~10	12	10		16	24	4	—			
	22				34	8				
>10~14	14	12		18	26	4				
	24				36	9				
>14~18	16	15		22	30	5		D-2	4	
	26				40	10				
>18~20	12	12	+0.034 +0.023		26		1			3
	18				32					
	28				42					
>20~24	14	15			30			D-3		
	22				38					
	32				48		2		5	
>24~30	16			—	36	—		D-4		
	25				45					
	34				54					
>30~40	18	18	+0.041 +0.028		42				6	4
	30				54					
	38				62		3	D-5		
>40~50	20	22			50				8	5
	35				65					
	45				75					

附表 7 可换定位销（摘自 JB/T 8014.3—1999）　　　（单位：mm）

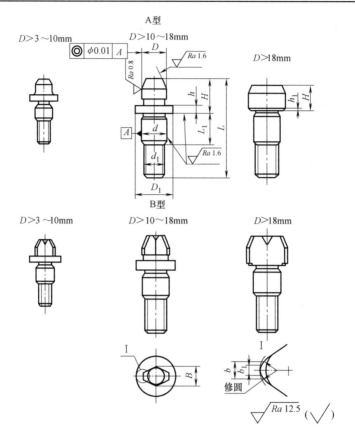

标记示例：

$D = 12.5\text{mm}$、公差带为 f7、$H = 14\text{mm}$ 的 A 型可换定位销：

定位销 A12.5f7×14　JB/T 8014.3—1999

D	H	d 公称尺寸	d 极限偏差 r6	d_1	D_1	L	L_1	h	h_1	B	b	b_1
>3~6	8	6	0 −0.008	M5	12	26	8	3		D−0.5	2	1
	14					32		7				
>6~8	10	8	0 −0.009	M6	14	28	8	3		D−1	3	2
	18					36		7				
>8~10	12	10		M8	16	35	10	4	—			
	22					45		8				
>10~14	14	12		M10	18	40	12	4				
	24					50		9		D−2	4	3
>14~18	16	15	0 −0.011	M12	22	46	14	5				
	26					56		10				
>18~20	12	12		M10	—	40	12	—	1			
	18					46						
	28					55						

（续）

D	H	d 公称尺寸	d 极限偏差 r6	d_1	D_1	L	L_1	h	h_1	B	b	b_1
>20~24	14	15	0 −0.011	M12		45	14	2		D−3	5	
	22					53						
	32					63						
>24~30	16					50	16			D−4		
	25					60						
	34					68						
>30~40	18	18	0 −0.013	M16	—	60	20	—	3	D−5	6	4
	30					72						
	38					80						
>40~50	20	22		M20		70	25				8	5
	35					85						
	45					95						

附表 8 内拨顶尖（摘自 JB/T 10117.1—1999）　　　　　　（单位：mm）

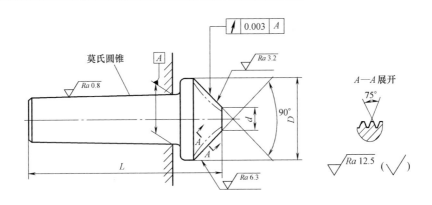

标记示例：

莫氏圆锥 4 号的内拨尖顶：

顶尖 4 JB/T 10117.1—1999

规格	莫氏圆锥				
	2	3	4	5	6
D	30	50	75	95	120
L	85	110	150	190	250
d	6	15	20	30	50

附表 9　V 形块（摘自 JB/T 8018.1—1999）　　　　　　（单位：mm）

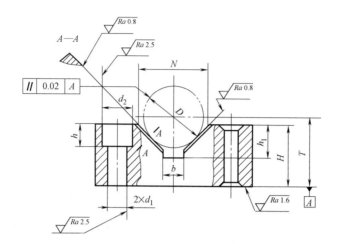

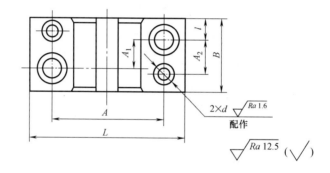

标记示例：

$N = 24$mm 的 V 形块：

V 形块 24　JB/T 8018.1—1999

N	D	L	B	H	A	A_1	A_2	b	l	d 公称尺寸	d 极限偏差 H7	d_1	d_2	h	h_1
9	5~10	32	16	10	20	5	7	2	5.5	4		4.5	8	4	5
14	>10~15	38	20	12	26	6	9	4	7			5.5	10	5	7
18	>15~20	46	25	16	32	9	12	6	8	5	+0.012 0	6.6	11	6	9
24	>20~25	55		20	40			8							11
32	>25~30	70	32	25	50	12	15	12	10	6		9	15	8	14
42	>30~45	85	40	32	64	16	19	16	12	8	+0.015 0	11	18	10	18
55	>45~60	100		35	76			20							22
70	>60~80	125	50	42	96	20	20	30	15	10		13.5	20	12	25
85	>80~100	140		50	110			40							30

注：尺寸 T 按公式计算：$T = H + 0.707D - 0.5N$。

附表10　定位键（摘自 JB/T 8016—1999）　　　　　　　　　　（单位：mm）

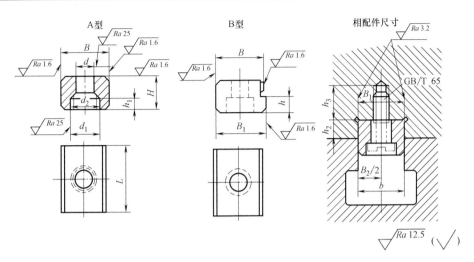

标记示例：

B = 18mm、公差带为 h6 的 A 定位键：

定位键 A18h6　JB/T 8016—1999

| B | | | B_1 | L | H | h | h_1 | d | d_1 | d_2 | 相配件 | | | | h_2 | h_3 | 螺钉 GB/T 65 |
| 公称尺寸 | 极限偏差 h6 | 极限偏差 h8 | | | | | | | | | T形槽宽度 | B_2 | | | | | |
											b	公称尺寸	极限偏差 H7	极限偏差 JS6			
8	0	0	8	14	8	3	3.4	3.4	6		8	8	+0.015 0	±0.045	4	8	M3×10
10	-0.009	-0.022	10	16			4.6	4.5	8		10	10					M4×10
12	0	0	12	20			5.7	5.5	10		12	12	+0.018 0	±0.0055		10	M5×12
14			14								14	14					
16	-0.011	-0.027	16	25	10	4					(16)	(16)			5	13	M6×16
18			18				6.8	6.6	11		18	18					
20	0	0	20	32	12	5					(20)	(20)	+0.021 0	±0.0065	6		
22	-0.013	-0.033	22								22	22				15	M8×20
24			24	40	14	6	9	9	15		(24)	(24)			7		
28			28		16	7					28	28			8		
36	0	0	36	50	20	9	13	13.5	20	16	36	36	+0.025 0	±0.008	10	18	M12×25
42	0 -0.016	0 -0.039	42	60	24	10					42	42			12		M12×30
48			48	70	28	12					48	48			14		M16×35
54	0 -0.019	0 -0.046	54	80	32	14	17.5	17.5	26	18	54	54	+0.030 0	±0.0095	16	22	M16×40

注：1. 尺寸 B_1 留磨量 0.5mm 按机床 T 形槽宽度配作，公差带为 h6 或 h8。

　　2. 括号内尺寸尽量不采用。

附表 11　定向键（摘自 JB/T 8017—1999）　　　　　（单位：mm）

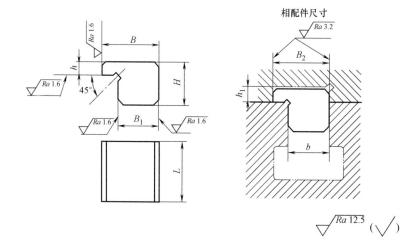

标记示例：

$B=24\text{mm}$、$B_1=18\text{mm}$、公差带为 h6 的 A 定向键：

定向键 24×18h6　JB/T 8017—1999

B		B_1	L	H	h	相配件			
								B_2	
公称尺寸	极限偏差 h6					T形槽宽度 b	公称尺寸	极限偏差 H7	h_1
18	0 -0.011	8	20	12	4	8	18	+0.018 0	6
		10				10			
		12				12			
		14				14			
24	0 -0.013	16	25	18	5.5	(16)	24	+0.021 0	7
		18				18			
		20				(20)			
28		22	40	22	7	22	28		9
		24				(24)			
36	0 -0.016	28	50	35	10	28	36	+0.025 0	12
48		36				36	48		
		42				42			
60	0 -0.019	48	65	50	12	48	60	+0.030 0	14
		54				54			

注：1. 尺寸 B_1 留磨量 0.5mm 按机床 T 形槽宽度配作，公差带为 h6 或 h8。

　　2. 括号内尺寸尽量不采用。

附表 12　固定钻套（摘自 JB/T 8045.1—1999）　　　　　　（单位：mm）

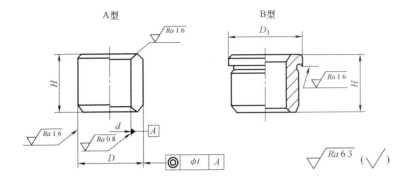

标记示例：

$d = 18mm$、$H = 16mm$ 的 A 型固定钻套：

钻套 A18×16　JB/T 8045.1—1999

d		D		D_1	H			t
公称尺寸	极限偏差 F7	公称尺寸	极限偏差 D6					
>0~1		3	+0.010	6				
>1~1.8	+0.016	4	+0.004	7	6	9	—	
>1.8~2.6	+0.006	5	+0.016	8				
>2.6~3		6	+0.008	9				
>3~3.3					8	12	16	
>3.3~4	+0.022	7	+0.019	10				0.008
>4~5	+0.010	8	+0.010	11				
>5~6		10		13	10	16	20	
>6~8	+0.028	12	+0.023	15				
>8~10	+0.013	15	+0.012	18	12	20	25	
>10~12		18		22				
>12~15	+0.034	22	+0.028	26	16	28	36	
>15~18	+0.016	26	+0.015	30				
>18~22	+0.041	30		34	20	36	45	
>22~26	+0.020	35	+0.033	39				
>26~30		42	+0.017	46	25	45	56	0.012
>30~35		48		52				
>35~42	+0.050	55		59				
>42~48	+0.025	62	+0.039	66	30	56	67	
>48~50		70	+0.020	74				
>50~55								
>55~68	+0.060	78		82	35	67	78	
>62~70	+0.030	85		90				
>70~78		95		100				0.04
>78~80			+0.045					
>80~85	+0.071	105	+0.023	110	40	78	105	
	+0.036							

附表 13　可换钻套（摘自 JB/T 8045.2—1999）　　　　　　（单位：mm）

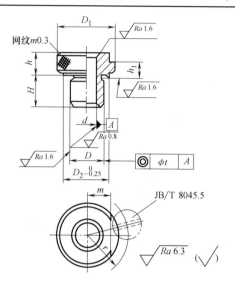

标记示例：

$d = 12$mm、公差带为 F7、$D = 18$mm、公差带为 k6、$H = 16$mm 的可换钻套：

钻套 12F7×18k6×16　JB/T 8045.2—1999

d 公称尺寸	d 极限偏差 F7	D 公称尺寸	D 极限偏差 m6	D 极限偏差 k6	D_1 滚花前	D_2	H			h	h_1	r	m	t	配用螺钉 JB/T 8045.5
>0~3	+0.016 +0.006	8	+0.015 +0.006	+0.010 +0.001	15	12	10	16	—	8	3	11.5	4.2		M5
>3~4	+0.022 +0.010														
>4~6		10			18	15	12	20	25			13	5.5	0.008	
>6~8	+0.028 +0.013	12	+0.018 +0.007	+0.012 +0.001	22	18						16	7		M6
>8~10		15			26	22	16	28	36	10	4	18	9		
>10~12		18			30	26						20	11		
>12~15	+0.034 +0.016	22	+0.021 +0.008	+0.015 +0.002	34	30	20	36	45			23.5	12		M8
>15~18		26			39	35						26	14.5		
>18~22		30			46	42	25	45	56	12	5.5	29.5	18		
>22~26	+0.041 +0.020	35	+0.025 +0.009	+0.018 +0.002	52	46						32.5	21		
>26~30		42			59	53						36	24.5	0.012	
>30~35		48			66	60	30	56	67			41	27		
>35~42	+0.050 +0.025	55			74	68						45	31		
>42~48		62			82	76	35	67	78			49	35		
>48~50		70	+0.030 +0.011	+0.021 +0.002	90	84						53	39		
>50~55															
>55~62		78			100	94	40	78	105	16	7	58	44		M10
>62~70	+0.060 +0.030	85			110	104						63	49		
>70~78		95	+0.035 +0.013	+0.025 +0.003	120	114								0.04	
>78~80							45	89	112			68	54		
>80~85	+0.071 +0.036	105			130	124						73	59		

注：1. 当作铰（扩）套使用时，d 的公差带推荐如下：采用 GB/T 1132—2017《直柄和莫氏锥柄机用铰刀》规定的铰刀，铰 H7 孔时，取 F7；铰 H9 孔时，取 E7。铰（扩）其他精度孔时，公差带由设计者选定。

2. 铰（扩）套的标记示例：$d = 12$mm、公差带为 E7、$D = 18$mm、公差带为 m6、$H = 16$mm 的可换铰（扩）套：

铰（扩）套 12E7×18m6×16　JB/T 8045.2—1999

附表 14　快换钻套（摘自 JB/T 8045.3—1999）　　　　　　（单位：mm）

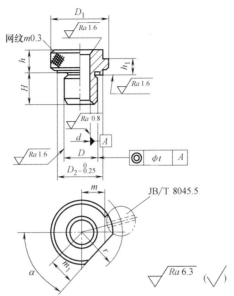

网纹m0.3　Ra 1.6　Ra 1.6　Ra 0.8　Ra 1.6　JB/T 8045.5　Ra 6.3

标记示例：

$d=12$mm、公差带为 F7、$D=18$mm、公差带为 k6、$H=16$mm 的快换钻套：

钻套 12F7×18k6×16　JB/T 8045.3—1999

d 公称尺寸	d 极限偏差 F7	D 公称尺寸	D 极限偏差 m6	D 极限偏差 h6	D_1 滚花前	D_2	H	H	H	h	h_1	r	m	m_1	α	t	配用螺钉 JB/T 8045.5
>0~3	+0.016 / +0.006	8	+0.015 / +0.006	+0.010 / +0.001	15	12	10	16	—	8	3	11.5	4.2	4.2	50°	0.008	M5
>3~4	+0.022 / +0.010																
>4~6		10			18	15						13	6.5	5.5			
>6~8	+0.028 / +0.013	12	+0.018 / +0.007	+0.012 / +0.001	22	18	12	20	25	10	4	16	7	7	55°		M6
>8~10		15			26	22						18	9	9			
>10~12	+0.034 / +0.016	18			30	26	16	28	36			20	11	11			
>12~15		22	+0.021 / +0.008	+0.016 / +0.002	34	30						23.5	12	12			M8
>15~18		26			39	35	20	36	45			26	14.5	14.5			
>18~22		30	+0.025 / +0.009	+0.018 / +0.002	46	42				12	5	29.5	18	18	65°	0.012	
>22~26	+0.041 / +0.020	35			52	46	25	45	56			32.5	21	21			
>26~30		42			59	53						36	24.5	25			
>30~35		48			66	60	30	56	67			41	27	28			
>35~42	+0.050 / +0.025	55	+0.030 / +0.011	+0.021 / +0.002	74	68						45	31	32	70°		M10
>42~48		62			82	76	35	67	78			49	35	36			
>48~50		70			90	84						53	39	40			
>50~55	+0.060 / +0.030	78			100	94	40	78	105	16	7	58	44	45		0.040	
>55~62		85	+0.035 / +0.013	+0.025 / +0.003	110	104						63	49	50			
>62~70		95			120	114	45	89	112			68	54	55			
>70~78		105			130	124						73	55	60			
>78~80															75°		
>80~85	+0.071 / +0.036																

注：1. 当作铰（扩）套使用时，d 的公差带推荐如下：采用 GB/T 1132—2017《直柄和莫氏锥柄机用铰刀》规定的铰刀，铰 H7 孔时，取 E7；铰 H9 孔时，取 E7。铰（扩）其他精度孔时，公差带由设计者选定。

　　2. 铰（扩）套的标记示例：$d=12$mm、公差带为 E7、$D=18$mm、公差带为 m6、$H=16$mm 的快换铰（扩）套：铰（扩）套 12E7×18m6×16　JB/T 8045.3—1999。

附表 15 常用夹具元件的材料及热处理要求

名称		推荐材料	热处理要求
定位元件	支承钉	$D \leqslant 12\text{mm}$，T7	淬火 60~64HRC
		$D > 12\text{mm}$，20 钢	渗碳深 0.8~1.2mm，淬火 60~64HRC
	支承板	20 钢	渗碳深 0.8~1.2mm，淬火 60~64HRC
	可调支承	45 钢	头部淬火 38~42HRC
			$L < 50\text{mm}$，整体淬火 33~42HRC
	定位销	$D \leqslant 16\text{mm}$，T7	淬火 53~58HRC
		$D > 16\text{mm}$，20 钢	渗碳深 0.8~1.2mm，淬火 53~58HRC
	定位心轴	$D \leqslant 35\text{mm}$，T8	淬火 55~60HRC
		$D > 35\text{mm}$，45 钢	淬火 43~48HRC
	V 形块	20 钢	渗碳深 0.8~1.2mm，淬火 60~64HRC
夹紧元件	斜楔	20 钢	渗碳深 0.8~1.2mm，淬火 58~62HRC
		45 钢	淬火 43~48HRC
	压紧螺钉	45 钢	淬火 38~42HRC
	螺母	45 钢	淬火 33~38HRC
	摆动压块	45 钢	淬火 43~48HRC
	普通螺钉压板	45 钢	淬火 38~42HRC
	钩形压板	45 钢	淬火 38~42HRC
	圆偏心轮	20 钢或优质工具钢	渗碳深 0.8~1.2mm，淬火 60~64HRC 淬火 50~55HRC
其他专用元件	对刀块	20 钢	渗碳深 0.8~1.2mm，淬火 60~64HRC
	塞尺	T7	淬火 60~64HRC
	定向键	45 钢	淬火 43~48HRC
	钻套	内径 $\leqslant 25\text{mm}$，T10A	淬火 60~64HRC
		内径 $> 25\text{mm}$，20 钢	渗碳深 0.8~1.2mm，淬火 60~64HRC
	衬套	内径 $\leqslant 25\text{mm}$，T10A	淬火 60~64HRC
		内径 $> 25\text{mm}$，20 钢	渗碳深 0.8~1.2mm，淬火 60~64HRC
	固定式镗套	20 钢	渗碳深 0.8~1.2mm，淬火 55~60HRC
夹具体		HT150 或 HT200	时效处理
		Q195、Q215、Q235	退火处理

附表 16 夹具上常用配合的选择

配合形式	推荐配合		示 例
	一般精度	较高精度	
定位元件与工件定位基准间	$\dfrac{H7}{h6}$、$\dfrac{H7}{g6}$、$\dfrac{H7}{f6}$	$\dfrac{H6}{h5}$、$\dfrac{H6}{g5}$、$\dfrac{H6}{f5}$	定位销与工件基准孔
有引导作用并有相对运动的元件间	$\dfrac{H7}{h6}$、$\dfrac{H7}{g6}$、$\dfrac{H7}{f6}$ $\dfrac{H7}{h6}$、$\dfrac{G7}{h6}$、$\dfrac{F7}{h6}$	$\dfrac{H6}{h5}$、$\dfrac{H6}{g5}$、$\dfrac{H6}{f5}$ $\dfrac{H6}{h5}$、$\dfrac{G6}{h5}$、$\dfrac{F6}{h5}$	刀具与导套
无引导作用但有相对运动的元件间	$\dfrac{H7}{f9}$、$\dfrac{H9}{d6}$	$\dfrac{H7}{d8}$	滑动夹具底座
没有相对运动的元件间	$\dfrac{H7}{n6}$、$\dfrac{H7}{p6}$、$\dfrac{H7}{r7}$、$\dfrac{H7}{s6}$、$\dfrac{H7}{u6}$、$\dfrac{H8}{t7}$（无紧固件） $\dfrac{H7}{m6}$、$\dfrac{H7}{k6}$、$\dfrac{H7}{js7}$、$\dfrac{H7}{m6}$、$\dfrac{H8}{k7}$（有紧固件）		固定支承钉 定位销

附表 17　高速钢麻花钻、扩孔钻的直径公差（h8）　　　　（单位：mm）

钻头直径	上极限偏差	下极限偏差
>3~6		-0.018
>6~10		-0.022
>10~18		-0.027
>18~30	0	-0.033
>30~50		-0.039
>50~80		-0.046
>80~100		-0.054

附表 18　高速钢机用铰刀直径的极限偏差　　　　（单位：mm）

铰刀直径	直径的极限偏差		
	H7 级精度铰刀	H8 级精度铰刀	H9 级精度铰刀
>5.3~6	+0.010 +0.005	+0.015 +0.008	+0.025 +0.014
>6~10	+0.012 +0.006	+0.018 +0.010	+0.030 +0.017
>10~18	+0.015 +0.008	+0.022 +0.012	+0.036 +0.020
>18~30	+0.017 +0.009	+0.028 +0.016	+0.044 +0.025
>30~50	+0.021 +0.012	+0.033 +0.019	+0.052 +0.030
>50~80	+0.025 +0.014	+0.039 +0.022	+0.062 +0.036
>80~100	+0.029 +0.016	+0.045 +0.026	+0.073 +0.042

附表 19　硬质合金机用铰刀直径的极限偏差　　　　（单位：mm）

铰刀直径	直径的极限偏差		
	H7 级精度铰刀	H8 级精度铰刀	H9 级精度铰刀
>5.3~6	+0.012 +0.007	+0.018 +0.010	+0.030 +0.019
>6~10	+0.015 +0.009	+0.022 +0.014	+0.036 +0.023
>10~18	+0.018 +0.011	+0.027 +0.017	+0.043 +0.027
>18~30	+0.021 +0.013	+0.033 +0.021	+0.052 +0.033
>30~40	+0.025 +0.016	+0.039 +0.025	+0.062 +0.040

参 考 文 献

[1] 张权民. 机床夹具设计：含习题册 [M]. 北京：科学出版社，2013.
[2] 洪惠良. 机床夹具 [M]. 北京：中国劳动社会保障出版社，2015.
[3] 陈旭东. 机床夹具设计 [M]. 2版. 北京：清华大学出版社，2014.
[4] 薛源顺. 机床夹具设计 [M]. 北京：机械工业出版社，2012.
[5] 朱耀祥，浦林祥. 现代夹具设计手册 [M]. 北京：机械工业出版社，2010.
[6] 王先逵. 机械加工工艺手册 [M]. 2版. 北京：机械工业出版社，2015.

"十三五"职业教育机械类专业规划教材

机 床 夹 具 设 计
习 题 册

班级＿＿＿＿＿＿＿＿

姓名＿＿＿＿＿＿＿＿

学号＿＿＿＿＿＿＿＿

机械工业出版社

目　　录

项目一　认识机床夹具

一、填空题

1. 通常，夹具按其通用化程度分为＿＿＿＿＿＿＿＿＿＿＿＿＿＿＿＿＿、
＿＿＿＿＿＿＿＿＿＿＿＿＿、＿＿＿＿＿＿＿＿＿＿＿＿＿三个大类。

2. 机床夹具一般由＿＿＿＿＿＿＿＿＿＿＿＿＿、＿＿＿＿＿＿＿＿＿＿＿、
＿＿＿＿＿＿＿＿＿三大主要部分组成。

3. 根据不同的使用要求，机床夹具还可以设置＿＿＿＿＿＿装置、＿＿＿＿
＿＿＿＿＿装置及其他辅助装置。

4. 机床夹具的主要功能有＿＿＿＿＿、＿＿＿＿＿。其他功能还有＿＿＿＿＿、
＿＿＿＿＿、＿＿＿＿＿、＿＿＿＿＿等。

5. 工件的加工误差由＿＿＿＿＿＿＿、＿＿＿＿＿＿＿和过程误差（Δ_{GC}）
组成。

6. 在加工过程中，工件上产生的各种加工误差之和应小于＿＿＿＿＿＿＿的
公差。

二、选择题

1. 工件在机床上加工时，通常由夹具中的（　　）来保证工件相对于刀具处
于一个正确的位置。

A. 定位元件 　　　　　　　　B. 夹具体

C. 夹紧机构 　　　　　　　　D. 辅助装置

2. 机用平口钳是常用的（　　）。

A. 专用夹具 　　　　　　　　B. 通用夹具

C. 拼装夹具 　　　　　　　　D. 组合夹具

3. 下列夹具中，（　　）不是专用夹具。

A. 钻床夹具 　　　　　　　　B. 铣床夹具

C. 车床夹具 　　　　　　　　D. 自定心卡盘

4. （　　）不属于机床夹具的三大组成部分之一。

A. 夹具体 　　　　　　　　　B. 定位元件

C. 对刀装置 　　　　　　　　D. 夹紧机构

5. （　　）是由预先制造好的各类标准元件和组件拼装而成的一类新型夹具。

A. 组合夹具 　　　　　　　　B. 专用夹具

C. 通用夹具 　　　　　　　　D. 数控机床夹具

6. 在机床夹具中，V形块通常作为（　　）使用。

A. 夹具体   B. 夹紧机构

C. 辅助装置   D. 定位元件

7. 下列说法中，（   ）不正确。

A. 一般情况下，机床夹具具有使工件在夹具中定位和夹紧两大作用

B. 夹具相对于机床和刀具的位置正确性，要靠夹具与机床、刀具的对定来解决

C. 工件被夹紧后，就自然实现了定位

D. 定位和夹紧是两回事

三、判断题

1. 一般情况下，通用夹具是机床夹具中的主要研究对象。 （   ）

2. 一般情况下，机床夹具具有使工件在夹具中定位和夹紧两大主要作用。

（   ）

3. 工件安装时，采用找正定位比采用夹具定位效率更高、精度更高。（   ）

4. 机床夹具一般已标准化、系列化，并由专门厂家生产。 （   ）

5. 定位装置一般由各种标准或非标准定位元件组成，它是夹具工作的核心部分。 （   ）

6. 自动、高效夹具的实际应用，可以相应地降低对操作工人的装夹技术要求。

（   ）

7. 在数控机床上加工零件，无须采用专用夹具。 （   ）

8. 车床夹具中，花盘通常作为定位元件。 （   ）

四、分析题

在铣床上采用专用夹具铣键槽，根据如图 1-1 所示铣床夹具，试回答以下问题。

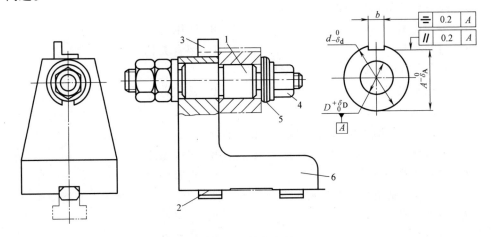

图 1-1 铣床夹具

1—定位心轴   2—定位键   3—对刀块   4—螺母   5—开口垫圈   6—夹具体

1. 该铣床夹由哪几部分组成？
_____

_____

2. 各零件具有什么作用？
_____

_____

3. 简述该铣床夹具工作原理。
_____

五、综合题

现有一件后盖工件与一副后盖钻夹具，要求钻后盖径上 $\phi10mm$ 的孔，如图 1-2 所示。图 1-2a 所示为后盖工件钻径向孔工序图，图 1-2b 所示为后盖钻夹具。要求学生分组完成应用后盖钻夹具对工件进行装夹，描述工件装夹过程与特点，分析其钻夹具的各部分组成及作用。

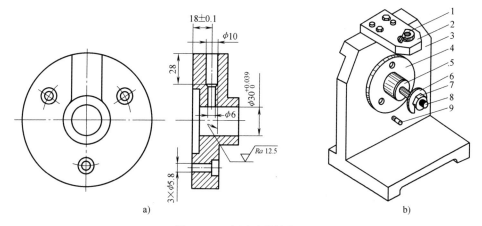

图 1-2 工序图后盖钻夹具

a）后盖工件钻径向孔工序图 b）后盖钻夹具

1—钻套 2—钻模板 3—夹具体 4—支承板 5—定位心轴
6—开口垫圈 7—螺母 8—螺杆 9—菱形销

1. 准备工作。
_____

_____

_____

2. 工件装夹步骤。
_____

_____

_____

3. 简述该钻夹具的特点。

_____

_____

4. 简述该钻夹具的各部分组成及作用。

定位元件是_____，其作用是_____

夹紧机构由_____组成，其作用是_____

夹具体是_____，其作用是_____

刀具导引装置由_____组成，其作用是_____

项目二　制订工件定位方案

任务一　选择定位基准

一、填空题

1. 一般来说，夹具的设计可分为＿＿＿＿＿＿＿＿＿＿＿、＿＿＿＿＿＿＿＿＿＿＿、
＿＿＿＿＿＿＿＿、绘制夹具零件图四个阶段。

2. 根据所起作用和应用场合，基准可分为＿＿＿＿＿＿＿＿＿＿＿和＿＿＿＿
＿＿＿＿＿＿＿＿两类。

3. 工艺基准可分为＿＿＿＿＿＿＿＿、＿＿＿＿＿＿＿＿、＿＿＿＿＿＿＿＿、
＿＿＿＿＿＿。

4. 设计机床夹具时，应满足的四个方面的基本要求为＿＿＿＿＿＿＿＿＿＿＿、
＿＿＿＿＿＿＿、＿＿＿＿＿＿＿、＿＿＿＿＿＿＿。

5. 生产实际中，应当掌握的夹具设计原始资料包括＿＿＿＿＿＿＿＿＿＿＿、
＿＿＿＿＿＿＿＿＿、＿＿＿＿＿＿＿＿＿＿。

二、选择题

1. 夹具的定位与夹紧必须要（　　），这是对夹具的最基本要求。

A. 保证满足本工序的加工精度要求

B. 提高机械加工生产率

C. 降低工件的生产成本

D. 具有良好的工艺

2. 下列说法中，只有（　　）是正确的。

A. 设计基准包括工序基准、定位基准、测量基准和装配基准

B. 工艺基准包括工序基准、定位基准、测量基准和装配基准

C. 工序基准包括设计基准、定位基准、测量基准和装配基准

D. 以上说法都不对

3. 工件加工精度主要指（　　）。

A. 尺寸精度、形状精度、位置精度

B. 尺寸精度和几何精度

C. 位置精度和表面粗糙度

D. 表面粗糙度和热处理

4. 夹具设计中，应尽量选择（　　）作为定位基准。

A. 毛坯表面　　　　　　　　B. 与加工面无直接关系的表面

C. 较小的表面　　　　　　　　D. 已加工表面的工序基准

5. （　　）不属于夹具设计时工件图样分析的主要内容。

A. 了解工件的工艺过程

B. 明确本工序在整个加工工艺过程中的位置

C. 了解企业设备的精度水平

D. 掌握本工序加工精度要求及工件已加工表面情况

三、判断题

1. 基准可分为定位基准和设计基准两类。　　　　　　　　　　（　　）

2. 提高机械加工生产率是对机床夹具的最基本要求。　　　　　（　　）

3. 夹具设计中，应尽量选择加工表面的工序基准作为定位基准。　（　　）

4. 定位基准与定位基准面没有本质区别。　　　　　　　　　　（　　）

5. 设计机床夹具时，应尽量使工件的定位基准与工序基准重合。　（　　）

6. 定位基准是用来确定工件在夹具中位置的要素。它一般为工件上与夹具定位元件相接触的表面，也可以为工件上的几何中心、对称线、对称面等。　（　　）

四、简答题

1. 从夹具设计角度出发，定位基准的选择涉及哪些原则？

_____

_____

2. 简述夹具的基本要求？

_____

_____

五、读图分析题

如图 2-1 所示，①、②中为铣平面，③、⑤中为铣槽，④中为车端面、镗孔，⑥中为钻孔，试指出工序、定位基准。

_____

_____

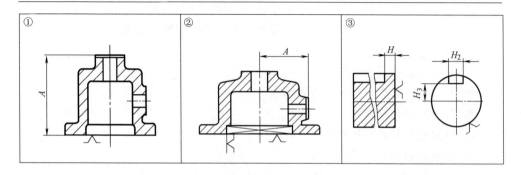

图 2-1　工件加工定位简图

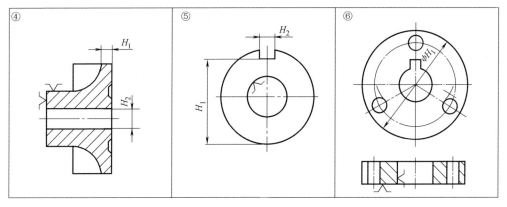

图 2-1　工件加工定位简图（续）

六、综合题

如图 2-2 所示，钢套工件在本工序中需钻 $\phi5\text{mm}$ 的孔，工件材料为 Q235A 钢，批量 $N = 2000$ 件，工件已经完成了内、外圆和端面的加工，现使用 Z512 钻床钻 $\phi5\text{mm}$ 孔。试分析图样，并选择工件的定位基准。

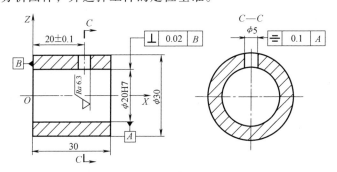

图 2-2　钢套工件

1. 工件图样分析。

1）本工序所处的位置。

_____

_____

2）本工序的质量要求。

① 尺寸与精度： _____

② 几何精度： _____

2. 定位基准的确定。

_____

_____

_____

任务二　选择定位方式

一、填空题

1. 用来描述工件在某一预先设定的空间直角坐标系中的定位时，其空间位置不确定程度的六个位置参数，称为_____。

2. 任何一个未在夹具中定位的工件，其空间位置具有六个自由度，即沿三个坐标轴的_____自由度、绕三个坐标轴的_____自由度。

3. 在夹具中，采用长 V 形块作为工件上圆柱表面的定位元件时，可消除工件的_____个自由度，其中，包括_____个移动自由度和_____个转动自由度。

4. 对于轴类工件的定位，夹具一般以轴向尺寸较大的 V 形块的两个斜面与工件支承轴颈相接触，形成不共面的_____点约束。

5. 任何条件下对工件的定位，所消除的自由度数不得少于_____个，否则工件就不会得到稳定的位置。

6. 工件在夹具中，六个自由度全部被消除的定位，称为_____。

7. 一般情况下，当工件的工序内容在 X、Y、Z 三个坐标轴方向上均有尺寸或几何精度要求时，需要在加工工位上对工件施行_____定位。

8. 工件实际定位所消除的自由度数目少于按其加工要求所必须消除的自由度数目，称为_____。

9. 由于夹具上的定位支承点布局不合理，将造成重复消除工件的一个或几个自由度的现象，这种重复消除工件自由度的定位称为_____。

二、选择题

1. 通过工件表面（如 XOY 面）与三个定位点的接触，可消除工件的（　　　）自由度。

A. $\vec{X}$、$\vec{Y}$、$\vec{Z}$

B. $\hat{X}$、$\hat{Y}$、$\hat{Z}$

C. $\vec{Y}$、$\hat{Z}$、$\hat{X}$

D. $\hat{Y}$、$\hat{Z}$、$\vec{X}$

2. 长圆柱工件在长套筒中定位，可消除（　　　）自由度。

A. 两个移动

B. 两个转动

C. 两个移动和两个转动

D. 一个转动和三个移动

3. 当工件一个已加工过的平面与限位平面接触时，可消除工件的（　　　）自由度。

A. 两个

B. 三个

C. 四个

D. 五个

4. 圆柱体在短 V 形块上定位时，可消除（　　　）自由度。

A. 三个

B. 一个

C. 两个

D. 四个

5. 消除工件自由度数少于六个仍可满足加工要求的定位称为（　　）。

A. 完全定位　　　　　　　　　　B. 不完全定位

C. 欠定位　　　　　　　　　　　D. 重复定位

6. 下列方案中，（　　）不是避免重复定位的措施。

A. 长心轴与小端面支承凸台组合对轴套工件定位

B. 短心轴与大端面支承凸台组合对轴套工件定位

C. 长心轴与浮动端面组合对轴套工件定位

D. 锥度心轴对轴套工件定位

三、判断题

1. 夹具的作用之一就是通过夹紧机构来消除工件位置的不确定性。（　　）

2. 工件在夹具中定位时，在任何情况下都必须消除工件的六个自由度。

（　　）

3. 根据工序的具体加工要求，正确分析影响工件定位的自由度，这对夹具设计至关重要。（　　）

4. 在平行六面体上铣削不通键槽时，无须消除工件的全部自由度。（　　）

5. 任何条件下对工件的定位，所消除的自由度数不得少于三个，否则工件就不会得到稳定的位置。（　　）

6. 工件加工需要进行完全定位时，其夹具定位元件应使工件的全部六个自由度都得到相应定位点的约束限制。（　　）

7. 实际加工中，有些工序的加工内容不需要消除全部六个自由度，只要消除部分自由度即可满足加工要求。（　　）

8. 在某些欠定位情况下进行加工，仍然能保证工序所规定的加工要求。

（　　）

9. 欠定位不能保证加工精度要求，在确定工件的定位方案时，决不允许发生欠定位这样的原则性错误。（　　）

10. 夹具上定位支承点的布局不合理，将造成重复消除工件的一个或几个自由度的现象。（　　）

四、简答题

1. 什么是自由度？

2. 什么是六点定则？

五、分析题（根据加工要求，分析理论上应该限制的自由度，可采用的定位方式）

1. 铣两台阶面（图 2-3）。

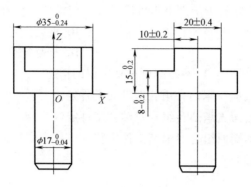

图 2-3 铣两台阶面

2. 铣槽（图 2-4）。

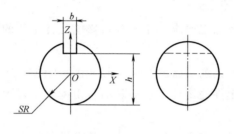

图 2-4 铣槽

3. 铣平面（图 2-5）。

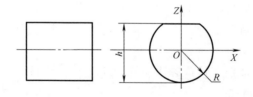

图 2-5 铣平面

六、综合题

钢套工件在本工序中需钻 ϕ5mm 的孔，工件材料为 Q235A 钢，批量 N = 2000 件，工件已经完成了内、外圆和端面的加工，现使用 Z512 钻床钻 ϕ5mm 孔。现选择内孔与端面 B 为定位基准面，如图 2-6 所示的钻 ϕ5mm 孔工序图，试分析工序加工理论上应限制的自由度，并说明夹具设计时可采用的定位方式。

根据本工序的加工要求，选择工件的轴心线以及左侧端面为定位基准。

1. 孔的大小由_____来保证。

2. 保证小孔圆心到端面的距离，理论上应限制自由度_____。

3. 保证小孔相对圆孔轴心对称度要求，理论上应限制自由度_____。

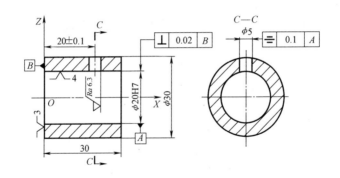

图 2-6　钢套工件钻 φ5mm 孔工序图

综合要求，必须限制自由度_____，可采用_____定位方式。

任务三　选择定位元件

一、填空题

1. _____支承不起定位作用，但能提高工件的安装刚性及稳定性。

2. 工件上常被选作定位基准的表面形式包括_____、_____、_____和其他成形面及其组合。

3. 夹具设计时，对定位元件提出了下列基本要求：_____、_____、_____、_____。

4. 工件以平面定位时，所用的定位元件一般称为支承件。支承件分为_____和_____两类。

5. 基本支承是具有独立定位作用的支承，包括_____、_____、_____和_____。

6. 自位支承在支承部位只提供_____个点的约束，所以，不管它与工件实际保持几点接触，都只能看成是_____个定位点。

7. 为满足工作要求，可调支承在结构上应具备三个基本功能：_____、_____、_____。

8. 箱壳类和盖板类工件以圆柱孔作为定位表面时，最常用的夹具定位元件就是各类圆柱形_____。

9. 各类心轴以较长轴向尺寸与工件相接触，一般理解为长销定位，可消除工件_____个自由度。

10. 在加工轴类工件时，常以工件外圆柱面作为定位基准面，根据外圆表面的完整程度、加工要求和安装方式，可用_____、_____等作为定位元件。

11. 常用 V 形块两工作斜面间的夹角一般分为＿＿＿＿＿＿、＿＿＿＿＿＿、
＿＿＿＿＿＿三种，其中＿＿＿＿＿＿角的 V 形块应用最多，其结构及规格尺寸
均已标准化。

12. 设计夹具时，采用的典型组合定位方式有＿＿＿＿＿＿、＿＿＿＿＿＿、
一个平面和一个外圆柱面组合、其他组合等。

二、选择题

1. 利用工件已精加工且面积较大的平面定位时，应选用的基本支承是
（　　）。

A. 支承钉　　　　　　　　　　　　B. 支承板

C. 自位支承　　　　　　　　　　　D. 可调支承

2. 基本支承是用作消除工件自由度、具有独立定位作用的支承，其中包括
（　　）。

A. 支承钉、支承板、自位支承、可调支承

B. 支承钉、支承板、自位支承、辅助支承

C. 支承钉、支承板、可调支承、辅助支承

D. 支承钉、可调支承、自位支承、辅助支承

3. 下列说法中，正确的是（　　）。

A. A 型支承钉为平头支承钉，适用于已加工平面的定位

B. A 型支承钉为球头支承钉，适用于工件毛坯表面的定位

C. B 型支承钉为球头支承钉，适用于已加工平面的定位

D. B 型支承钉为齿形头支承钉，常用于侧面定位

4. 工件上面积较大、跨度较大的大型精加工平面，常被用作第一定位基准面，
为使工件安装稳固可靠，大多选用（　　）来体现夹具上定位元件的定位表面。

A. 支承板　　　　　　　　　　　　B. 支承钉

C. 可调支承　　　　　　　　　　　D. 辅助支承

5. 下列说法中，正确的是（　　）。

A. A 型支承板为平面型支承板，此种结构有利于清理切屑

B. B 型支承板为带屑槽式支承板，多用于工件的侧面、顶面及不易存屑方向
上的定位

C. A 型支承板为平面型支承板，多用于工件的侧面、顶面及不易存屑方向上
的定位

D. B 型支承板为带屑槽式支承板，此种结构不利于清理切屑

6. 下列说法中，正确的是（　　）。

A. 辅助支承不起定位作用，即不消除工件的自由度

B. 辅助支承不但能提高工件的安装刚性及稳定性，而且能消除工件的自由度

C. 辅助支承虽能消除工件的自由度，但不能起定位作用

D. 辅助支承能消除工件的自由度

7. 夹具上为圆孔提供的常用定位元件主要有（　　）四大类。

A. 定位销、定位心轴、锥销及各类自动定心结构

B. 固定式定位销、定位心轴、锥销及各类自动定心结构

C. 可换定位销、定位心轴、锥销及各类自动定心结构

D. 定位销、间隙定位心轴、锥销及各类自动定心结构

8.（　　）常用来对内孔尺寸较大的套筒类、盘盖类工件进行安装。

A. 定位心轴　　　　　　　　　　　B. 定位销

C. 锥销　　　　　　　　　　　　　D. 各类自动定心结构

9. 定心精度高是（　　）的最大特点。

A. 间隙配合心轴　　　　　　　　　B. 过盈配合心轴

C. 过渡心轴　　　　　　　　　　　D. 所有心轴

10. 当工件以局部外圆柱面参与定位时，（　　）往往成为首选定位元件。

A. V 形块　　　　　　　　　　　　B. 平面

C. 圆柱孔　　　　　　　　　　　　D. 轴套

三、判断题

1. 工件定位时，除了尽可能使定位基准与工序基准重合、定位符合六点定则外，还要合理选用定位元件。　　　　　　　　　　　　　　（　　）

2. 设计夹具时，定位基准一旦选定，定位基准的表面形式将成为选用定位元件的主要依据。　　　　　　　　　　　　　　　　　　　　（　　）

3. 工件在夹具中定位时，一般允许将工件直接放在夹具体上。　　（　　）

4. 由于定位元件经常与工件接触易磨损，所以，必须具有足够的刚度和强度。　　　　　　　　　　　　　　　　　　　　　　　　　　（　　）

5. 一般来说，对定位元件最基本的要求是能长期保持尺寸精度和几何精度。　　　　　　　　　　　　　　　　　　　　　　　　　　　（　　）

6. 定位元件的选择，通常应根据定位基准的表面形式进行。　　（　　）

7. 为提高工件的定位精度，定位元件在布局上应尽量增大距离，以减小工件的转角误差。　　　　　　　　　　　　　　　　　　　　　（　　）

8. 常用支承钉中，A 型平头支承钉适用于已加工平面的定位。　（　　）

9. 常用支承钉中，B 型球头支承钉常用于侧面定位。　　　　　（　　）

10. 常用支承板中，A 型平面型支承板多用于工件的侧面、顶面及不易存屑方向上的定位。　　　　　　　　　　　　　　　　　　　　（　　）

11. 常用支承板中，B 型带屑槽式支承板使支承板的工作面上难以存留残屑，非常有利于清屑。　　　　　　　　　　　　　　　　　　　（　　）

12. 自位支承在支承部位提供了两个点的约束，所以它可消除两个移动自由度。　　　　　　　　　　　　　　　　　　　　　　　　　（　　）

13. 可调支承是指支承高度可以调节的定位支承，但它不能消除工件的自由度。 （　）

14. 在加工轴类工件时，常以工件外圆柱面作为定位基准面。 （　）

15. 作为一种标准心轴，锥度心轴在高精度定位中广泛应用。 （　）

四、简答题

1. 工件在夹具中定位时，对定位元件有什么要求？

_____

_____

2. 什么是自位支承？什么是可调支承？它们的作用与辅助支承有什么不同？

_____

_____

五、分析各定位元件限制的自由度

1. 图 2-7

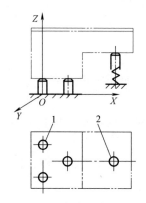

图 2-7　定位示意图

三个支承钉 1：_____辅助支承钉 2：_____

2. 图 2-8

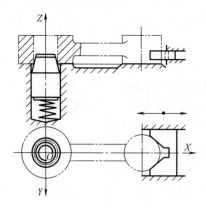

图 2-8　定位示意图

14

大支承面：_____活动锥销：_____活动短 V 形块：_____

3. 图 2-9

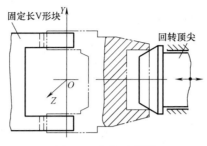

图 2-9　定位示意图

固定长 V 形块：_____回转顶尖：_____

4. 图 2-10

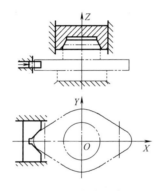

图 2-10　定位示意图

支承大平面：_____活动锥坑：_____活动短 V 形块：_____

六、综合题

根据图 2-2，选择定位元件，并分析各定位元件所限制的自由度。

1. 采用的定位方式。

_____

_____

2. 选择的定位元件。

_____

_____

3. 各定位元件所限制的自由度。

_____

_____

任务四　定位误差的分析与计算

一、填空题

1. 定位误差一般由两部分组成：＿＿＿＿＿＿误差和＿＿＿＿＿＿误差。

2. 基准不重合误差值的大小等于＿＿＿＿＿＿尺寸公差在＿＿＿＿＿＿＿＿尺寸方向上的投影。

3. 要消除基准不重合误差，就必须使＿＿＿＿＿＿基准与＿＿＿＿＿＿基准重合。

4. 采用夹具定位时，由于工件＿＿＿＿＿＿与＿＿＿＿＿＿元件不可避免地存在制造误差或者配合间隙，致使工件定位基准在夹具中相对于定位元件工作表面的位置产生位移，从而形成基准位移误差。

5. 通常情况下，若能将定位误差控制在加工尺寸公差的＿＿＿＿＿＿左右，就可保证使用夹具加工具有足够的定位精度。

二、选择题

1. （　　）是指一批工件定位时，被加工表面的工序基准在沿工序尺寸方向上的最大可能变动范围。

A. 基准位移误差　　　　　　　B. 定位误差

C. 基准不重合误差　　　　　　D. 加工误差

2. 采用夹具定位时，如果工件的（　　）不重合，则形成基准不重合误差。

A. 设计基准与测量基准　　　　B. 定位基准与装配基准

C. 定位基准与工序基准　　　　D. 设计基准与装配基准

3. 当定位尺寸由一组尺寸组成时，则定位尺寸公差值可按尺寸链原理求出，即定位尺寸公差值等于这一尺寸链中（　　）。

A. 所有增环公差值之和　　　　B. 所有减环公差值之和

C. 所有组成环公差值的平均值　D. 所有组成环公差值之和

4. 下列说法中，（　　）是错误的。

A. 基准不重合误差是否存在，取决于工件定位基准的选择

B. 要减小基准不重合误差，只有提高两基准之间（定位尺寸）的制造精度

C. 要消除基准不重合误差，就必须使定位基准与工序基准重合

D. 基准不重合误差不可能被消除

5. 求解基准位移误差的关键在于找出（　　）在夹具中在工序尺寸方向上的最大移动量。

A. 设计基准　　　　　　　　　B. 定位基准

C. 工序基准　　　　　　　　　D. 定位表面

三、判断题

1. 由于定位元件及工件定位基准面本身制造误差的存在，使得一批参与定位的工件在夹具中的位置可能发生变化。（　　）

2. 一般情况下，用已加工的平面作为定位基准面时，因表面不平整所引起的基准位移误差较小，在分析计算误差时，可以不予考虑。　　　　（　　）

3. 工件以平面定位时，基准位移误差是由定位表面的平面度误差引起的。
　　　　　　　　　　　　　　　　　　　　　　　　　　　　　　　（　　）

4. 工件以圆柱孔定位时，定位基准是孔表面。　　　　　　　　　　（　　）

5. 工件以圆柱孔在锥形心轴上定位时，孔与心轴有固定单边和任意边两种接触方式。　　　　　　　　　　　　　　　　　　　　　　　　　　　　（　　）

四、简答题

1. 什么是定位误差？

_____

2. 为什么会产生基准位移误差？

_____

五、分析计算题

1. 如图 2-11 所示的阶梯形工件，已知 A、B、C 三个平面已于前道工序加工完成，现要镗 $\phi50$mm 孔。如果用 B 面作为定位基准，虽可使基准重合，但由于 B 面太小，定位不够稳定，现选取 C 面作为定位基准，试求加工 $\phi50$mm 孔的基准不重合误差。

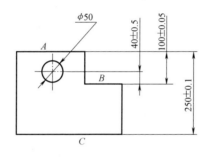

图 2-11　加工工序图

2. 定位方案如图 2-12 所示，试求加工尺寸 A 的基准不重合误差。

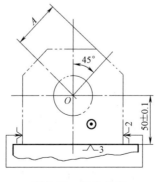

图 2-12　定位方案

3. 图 2-13 所示为工件镗孔图样，孔 1、孔 2 均已加工完成，现以工件底面 A 为定位基准镗孔 3，要求保证尺寸 15mm±0.055mm，试检验方案的定位精度。

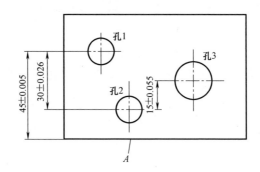

图 2-13　工件镗孔图样

4. 阶梯轴加工如图 2-14 所示，阶梯外圆已车好，现要在直径为 $D_1 = \phi 25_{-0.021}^{0}$mm 的圆柱上铣一键槽，由于该段圆柱很短，故在直径为 $D_2 = \phi 35_{-0.025}^{0}$mm 的长圆柱上放 V 形块定位，若加工尺寸 $H = 21_{-0.08}^{0}$mm，试求加工尺寸的基准不重合误差及基准位移误差。

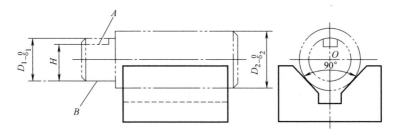

图 2-14　阶梯轴加工

5. 如图 2-15 所示，钻 $\phi 12$mm 孔，试计算工序尺寸 $90_{-0.1}^{0}$mm 的定位误差。

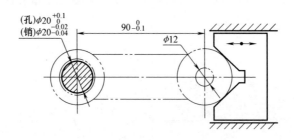

图 2-15　钻 $\phi 12$mm 孔

6. 如图 2-16 所示车外圆，外圆对内孔有同轴度要求为 $\phi 0.05$mm，已知心轴直径为 $\phi 30_{-0.025}^{-0.009}$mm，计算工件内外圆同轴度的定位误差 Δ_{dw}。

18

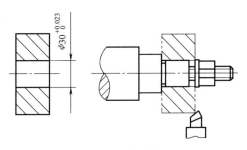

图 2-16　车外圆

7. 如图 2-17 所示钻孔，保证 A，采用四种方案，试分别进行定位误差分析（外圆直径 $d_{-\delta_d}^{\ 0}$），并在表 2-1 中填空。

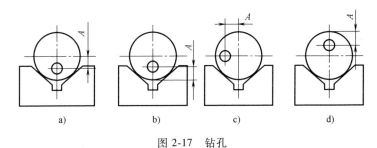

图 2-17　钻孔

表 2-1　定位误差分析表

类别	Δ_{jb}	Δ_{db}	Δ_{dw}
a)			
b)			
c)			
d)			

8. 如图 2-18 所示，试分析三种定位方案中，工序尺寸 L 的定位误差 $[\phi40H7/g6 = \phi40H7(_{0}^{+0.025})/g6(_{-0.025}^{-0.009})]$，分别进行定位误差分析，并在表 2-2 中填空。

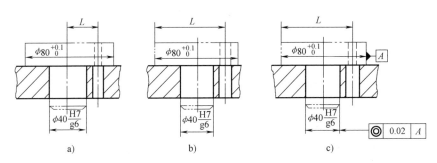

图 2-18　钻孔示意图

表 2-2　定位误差分析表

类别	Δ_{jb}	Δ_{db}	Δ_{dw}
a）			
b）			
c）			

9. 如图 2-19 所示在工件上铣槽，要求保证尺寸 $54_{-0.14}^{\ 0}$ mm 和槽宽 12H9，试计算加工尺寸 $54_{-0.14}^{\ 0}$ mm 定位误差，并判断定位误差是否满足加工要求。

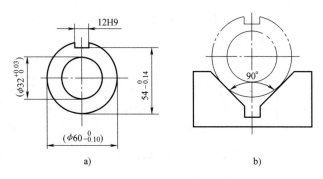

图 2-19　铣键槽工序图与定位简图

10. 如图 2-20 所示，加工 $\phi20$mm 的孔，以孔 O_1、孔 O_2 及底面定位，试设计两销直径。

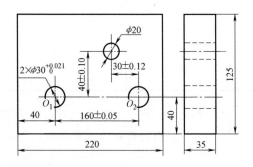

图 2-20　一面两孔定位

六、综合题

如图 2-21 所示，钢套钻孔采用心轴定位，试计算加工尺寸 20mm±0.1mm 和对称度 0.1mm 的定位误差，并判断定位方案是否满足加工要求。

（一）对于工序尺寸 20mm±0.1mm

1. 计算基准不重合误差。

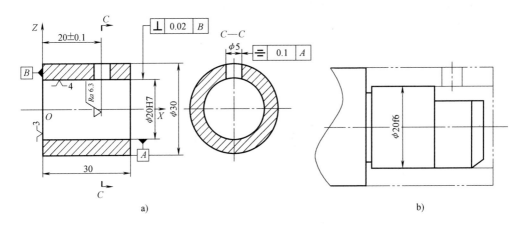

图 2-21 钢套钻孔工序图与定位简图

a）钢套钻孔工序图 b）定位简图

2. 计算基准位移误差。

3. 定位误差的合成。

4. 分析判断定位误差是否满足加工要求。

（二）对于对称度 0.1mm

1. 计算基准不重合误差。

2. 计算基准位移误差。

3. 定位误差的合成。

4. 分析判断定位误差是否满足加工要求。

任务五 制订定位方案

如图 2-2 所示，钢套工件在本工序中需钻 ϕ5mm 的孔，工件材料为 Q235A 钢，批量 N = 2000 件。加工要求如下。

1）ϕ5mm 孔轴线到端面 B 的距离为 20mm±0.1mm。

2）ϕ5mm 孔对 ϕ20H7 孔的对称度公差为 0.1mm。

本任务是设计钻 ϕ5mm 孔的钻床夹具定位方案。

1. 分析工序加工要求。

_____

_____

2. 根据加工要求，确定必须限制的自由度。

_____

3. 根据加工要求，分析工序基准。

_____

_____

4. 选择定位基准。

_____

_____

_____

5. 定位方案确定。

_____

_____

_____

_____

6. 定位元件选择或设计。

_____

_____

_____

_____

7. 定位误差分析。

1）ϕ5mm 孔轴线到端面 B 的距离为 20mm±0.1mm。

_____

_____

2）ϕ5mm 孔对 ϕ20H7 孔的对称度公差为 0.1mm。

_____

结论：

项目三 制订工件夹紧方案

任务一 认识基本夹紧机构

一、填空题

1. 夹紧机构的结构形式多种多样，一般由三部分组成，即_____、_____和_____。

2. 力源装置是机动夹紧时产生原始作用力的装置，通常是指_____、_____等动力装置。

3. 手动夹紧时，夹紧机构直接由_____和_____组成。

4. 中间递力机构的作用是_____、_____、_____。

5. 在夹具的各种夹紧机构中，以_____、_____及由它们组合而成的夹紧机构应用最为普遍。

6. 为了克服螺旋夹紧操作时间较长的缺点，实际生产中出现了各种快速接近或快速撤离工件的螺旋夹紧机构，这就是_____螺旋夹紧机构。

7. 圆偏心轮保证自锁的结构条件为偏心距 e 不能过大，只能取轮径 D 的_____，否则，偏心轮的夹紧将不能保证自锁。

8. 除基本夹紧机构外，_____、_____和_____是夹具中经常使用的其他夹紧机构。

二、选择题

1. 一般夹具都需要设置（   ），但少数情况也允许不予夹紧而进行加工。

A. 夹紧机构　　　　　　　　B. 定位装置

C. 分度装置　　　　　　　　D. 引导元件

2. 下列说法中，（   ）不属于对夹紧机构的基本要求。

A. 在夹紧过程中，应不破坏工件定位所获得的确定位置

B. 夹紧力应保证工件在加工过程中的位置稳定不变，不产生振动或移动；夹紧变形小，不损伤工件表面

C. 结构简单、制造容易，其复杂程度和自动化程度应与工件的生产纲领相适应

D. 尽量采用螺旋夹紧结构

3. 在夹具中，直接使用（   ）夹紧工件的情况比较少见，这是因为它产生的夹紧力有限且夹紧费时。

A. 螺旋机构　　　　　　　　B. 斜楔

C. 偏心机构　　　　　　　D. 薄壁弹性件

4. 斜楔夹紧机构的自锁条件为（　　　）。

A. 斜楔升角小于楔块与夹具体间的摩擦角和楔块与工件间的摩擦角之差

B. 斜楔升角大于楔块与夹具体间的摩擦角和楔块与工件间的摩擦角之和

C. 斜楔升角大于楔块与夹具体间的摩擦角和楔块与工件间的摩擦角之差

D. 斜楔升角小于楔块与夹具体间的摩擦角和楔块与工件间的摩擦角之和

5. 夹具中的偏心夹紧机构仅适用于加工时振动不大的场合，其原因是它的（　　　）。

A. 自锁性较差　　　　　　B. 夹紧力较大

C. 刚性较差　　　　　　　D. 刚性较好

6. 采用偏心夹紧机构夹紧工件与采用螺旋夹紧机构夹紧工件相比，主要优点是（　　　）。

A. 夹紧力大　　　　　　　B. 夹紧可靠

C. 动作迅速　　　　　　　D. 不易损坏工件

三、判断题

1. 所有夹紧机构均需中间递力机构。　　　　　　　　　　　　（　　　）

2. 在夹具中，直接使用斜楔夹紧工件的情况比较常见，这是因为它使用比较方便。　　　　　　　　　　　　　　　　　　　　　　　　　　　　（　　　）

3. 螺旋或偏心轮夹紧机构，实际上是斜楔夹紧机构的变形。　（　　　）

4. 为保证斜楔夹紧机构可靠工作，斜楔夹紧工件后应能自锁。（　　　）

5. 斜楔夹紧机构的自锁条件为斜楔升角小于楔块与夹具体间的摩擦角。　　　　　　　　　　　　　　　　　　　　　　　　　　　　　　　　（　　　）

6. 对于一般钢铁材料的加工表面，满足自锁条件的斜楔升角可在不大于11°范围内选取，为安全锁紧，一般常取6°~8°。　　　　　　　　　　　（　　　）

7. 螺旋夹紧机构是斜楔夹紧机构的变形，它对提高有效夹紧力和自锁性能都非常有利，所以，螺旋夹紧机构得到了很好应用。　　　　　　　　　（　　　）

8. 由于普通螺纹的升角远小于材料间的摩擦角，所以各种普通螺纹广泛用于紧固连接。　　　　　　　　　　　　　　　　　　　　　　　　　　（　　　）

9. 为了克服螺旋夹紧操作时间较长的缺点，可采用快速螺旋夹紧机构。　　　　　　　　　　　　　　　　　　　　　　　　　　　　　　　　（　　　）

10. 圆偏心轮的偏心距不能过小，否则，偏心轮的夹紧将不能保证自锁。　　　　　　　　　　　　　　　　　　　　　　　　　　　　　　　　（　　　）

11. 在定心夹紧机构中，与工件定位基准面相接触的元件既是定位元件，又是夹紧元件。　　　　　　　　　　　　　　　　　　　　　　　　　（　　　）

四、简答题

1. 工件在夹具中夹紧的目的是什么？夹紧与定位的区别是什么？

2. 夹紧机构的基本要求有哪些？

五、读图分析题

简述如图 3-1 所示螺旋定心夹紧机构的工作原理。

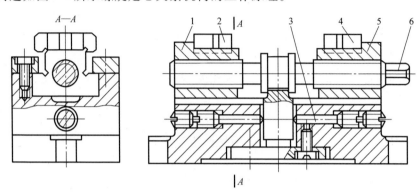

图 3-1　螺旋定心夹紧机构

1、5—滑座　2、4—V 形块钳口　3—调节杆　6—左右双向螺杆

六、综合题

图 3-2 所示为夹紧机构工作过程实例，指出它是什么类型的夹紧机构，并说明夹紧工作过程。

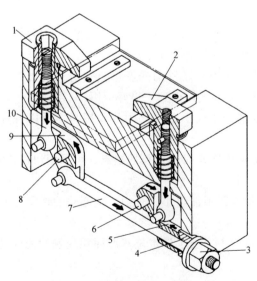

图 3-2　夹紧机构工作过程实例

1、2—压板　3—螺母　4—压套　5—锥套　6、8—固定小轴　7—螺杆　9—转动连板　10—拉杆

1. 指出上述夹紧机构属于哪种类型。

_____

_____

2. 简述夹紧工作过程。

_____

_____

_____

_____

任务二　分析夹紧力

一、填空题

1. 夹紧力与其他力一样，具有三个要素：_____、_____

和_____。

2. 工件在夹紧力作用下，应首先保证_____与定位元件可靠接触。

3. 夹紧力的方向主要和工件定位基准的配置以及工件所受外力的作用方向等

有关，确定时应遵循以下原则：_____、_____、_____。

4. 确定夹紧力的大小时，_____和_____是通常采用的方法。

二、选择题

1. 在确定夹紧力方向的原则中，不包括（　　）。

A. 夹紧力应垂直于主要定位基准面

B. 夹紧力应平行于主要定位基准面

C. 夹紧力应尽可能和切削力同向

D. 夹紧力应尽可能和工件重力同向

2. 为了保证工件在夹具中加工时不易引起振动，夹紧力的作用点应（　　）。

A. 远离加工表面　　　　　　　　B. 靠近加工表面

C. 在工件已加工表面上　　　　　D. 在刚性较差处

3. 在一般生产条件下，（　　）可以很快地确定夹紧方案，而不需要进行烦琐

的计算，所以在生产中经常采用。

A. 估算法　　　B. 精确计算法　　　C. 类比法　　　D. 分析法

三、判断题

1. 确定夹紧力方向时，应遵循夹紧力应平行于主要定位基准面的原则。

（　　）

2. 工件在夹紧力作用下，应首先保证主要定位基准面与定位元件可靠接触。

（　　）

3. 当夹紧力和切削力、工件重力同向时，加工过程中所需的夹紧力最小。

（　　）

4. 在大型工件上钻小孔时，有时可以不施加夹紧力。　　（　　）

5. 如何保证夹紧时不破坏工件在定位时所获得的位置，这是选择夹紧力作用点位置时应考虑的主要问题之一。　　（　　）

6. 夹紧力作用点应落在工件刚性较好的部位上。　　（　　）

7. 夹紧力的作用点靠近加工表面，可以使切削力对此夹紧点的力矩较小，以防止或减小工件的振动。　　（　　）

8. 在一般生产条件下，估算法可以很快地确定夹紧方案，所以在生产中经常采用。　　（　　）

四、简答题

确定夹紧力的作用点时应遵循哪些原则？

_____

_____

五、综合题

估算图 3-3 所示工件铣削平面时所需的夹紧力。

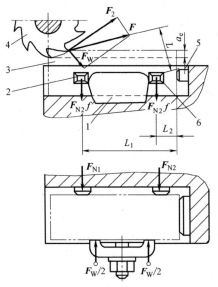

图 3-3　铣削加工工件图

1—压板　2、6—导向支承　3—工件　4—铣刀　5—止推支承

夹紧力大小计算。

_____

_____

_____

_____

任务三 制订夹紧方案

综合题

如图 3-4 所示，钢套工件在本工序中需钻 $\phi 5mm$ 的孔，工件材料为 Q235A 钢，批量 $N=2000$ 件。加工要求如下。

1）$\phi 5mm$ 孔轴线到端面 B 的距离为 $20mm\pm0.1mm$。

2）$\phi 5mm$ 孔对 $\phi 20H7$ 孔的对称度公差为 $0.1mm$。

上个项目已经完成了定位方案的制定，本项目是设计钻 $\phi 5mm$ 孔的钻床夹具的夹紧方案。

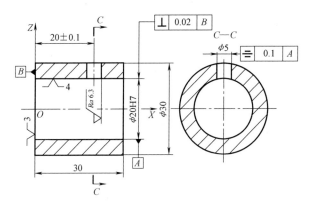

图 3-4　钢套工件钻 $\phi 5mm$ 孔工序图

1. 夹紧机构结构设计。

_____

_____

2. 夹紧力作用点和方向确定。

_____

_____

3. 夹紧力大小计算。

_____

_____

_____

_____

项目四　钻床夹具设计

任务一　实践感知——在钻床上使用夹具

根据配套《机床夹具设计》教材中图 4-3，该零件材料为 HT200，中批量生产，已完成该零件轮廓及总厚加工工序、$\phi30^{+0.033}_{0}$mm 孔的铰削工序，现需使用钻床夹具完成 ϕ5mm 孔钻削加工。工序图与工序机械加工工艺卡片见配套《机床夹具设计》中表 4-2。现要求学生在教师指导下完成工件装夹、加工。通过加工回答以下问题。

一、指出钻床夹具组成及各部件的作用

该钻床夹具由_____等部分组成。定位装置的作用是_____，夹紧机构的作用是_____，夹具体的作用是_____

_____。

二、该钻床夹具如何进行定位

该工件以_____为定位基准面进行定位，所选择是定位元件分别是_____，综合限制_____自由度。

三、该钻床夹具如何夹紧

该工件通过_____进行夹紧，该夹紧机构称为_____夹紧机构，该夹紧机构的工作特点是_____

_____。

四、该钻床夹具与钻床工作台是否需要连接，并说明理由

_____

_____

五、工件加工时，如何导引刀具

该夹具在使用时，通过_____保证 ϕ5mm 孔加工的位置尺寸。

任务二　相关知识学习

一、填空题

1. 从结构上看，钻床夹具主要由_____、_____、_____、_____和_____组成。

2. 钻模板的结构类型有_____、_____、_____和悬挂式钻模板。

3. 钻套的作用为_____和_____。

4. 夹具总装配图的绘制内容包括_____、_____、_____及标题栏、零件序号、明细栏等。

5. 夹具总装配图的设计过程，往往是_____、_____、_____、_____的反复调整过程。

6. 夹具总装配图上应标注的尺寸包括_____、_____、_____、_____及其他装配尺寸。

二、选择题

1. 以下四种钻套，（   ）不是标准件。

A. 特殊钻套　　　　　　　　　B. 快换钻套

C. 固定钻套　　　　　　　　　D. 可换钻套

2. （   ）不属于钻床夹具的刀具导引装置组成部分。

A. 钻模　　　　　　　　　　　B. 衬套

C. 对刀块　　　　　　　　　　D. 钻套螺钉

3. 凡是夹具，其中一定有（   ）。

A. 对刀装置　　　　　　　　　B. 分度装置

C. 平衡配重块　　　　　　　　D. 定位元件

4. 绘制夹具总装配图时，应尽量选择（   ）的绘图比例。

A. 1∶1　　　　　　　　　　　B. 1∶2

C. 2∶1　　　　　　　　　　　D. 1∶3

5. 表示夹具在机床上所占空间的大小和可能的活动范围，以便校核夹具是否会与机床和刀具发生干涉的尺寸，称为（   ）。

A. 配合尺寸　　　　　　　　　B. 夹具与刀具的联系尺寸

C. 夹具与机床的联系尺寸　　　D. 夹具外形的最大轮廓尺寸

6. 确定夹具上对刀-导引元件对定位元件位置的尺寸，称为（   ）。

A. 夹具外形的最大轮廓尺寸　　B. 夹具与机床的联系尺寸

C. 夹具与刀具的联系尺寸　　　D. 配合尺寸

7. 铣床夹具定向键与机床工作台 T 形槽的配合尺寸，属于（   ）。

A. 夹具与机床的联系尺寸　　　B. 配合尺寸

C. 夹具与刀具的联系尺寸　　　D. 其他装配尺寸

三、判断题

1. 固定式普通钻床夹具主要用于加工直径小于 10mm 的孔。　　（   ）

2. 固定钻模板，加工精度较高，但有时装卸工件不便。　　　　（   ）

3. 床身、箱体等大型工件上的小孔的加工一般采用盖板式钻床夹具。（   ）

4. 夹具的对定包括三个方面：一是工件的定位；二是夹具的对刀或刀具的导

向；三是分度定位。 （　　）

5. 绘制夹具体是夹具总装配图绘制的第一步。 （　　）

6. 夹具尺寸公差取相应尺寸公差的 $1/5 \sim 1/2$，常用的比值为 $1/3 \sim 1/2$。
（　　）

四、分析题

如图 4-1a 所示，需同时钻两孔，其中 V 形块的夹角为 $\alpha = 90°$，采用图 4-1b、c 所示两种钻床夹具，试分别进行定位误差分析，并在表 4-1 中填空。

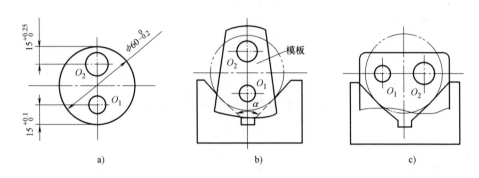

图 4-1　钻两孔

表 4-1　定位误差分析表

类别		Δ_{jb}	Δ_{jw}	Δ_{dw}
b)	O_2			
	O_1			
c)	O_2			
	O_1			

任务三　样例学习

一、简答题

1. 简述钻床夹具设计步骤。

_____

_____

2. 通常钻床夹具与钻床连接应考虑哪些注意事项？

_____

_____

二、分析计算题

图 4-2 所示为杠杆零件图，材料为 HT200，中批量生产，已完成杠杆零件外形

轮廓及总厚加工工序、$\phi30_{0}^{+0.033}$mm 孔的铰削工序，现需完成 ϕ5mm 孔的钻削工序，采用 Z4112A 钻床。机械加工工艺卡见配套教材中表 4-2。所设计钻削夹具见配套教材中图 4-25 所示。如果心轴定位销与工件定位孔配合由 ϕ30H8／g7 改为 ϕ30H7／g6，试分析该工序的定位精度。

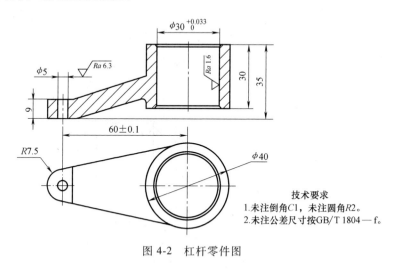

图 4-2　杠杆零件图

任 务 四　项 目 实 施

一、设计前准备

1. 准备设计资料。

_____

_____

2. 进行实际调查。

_____

_____

_____

二、任务分析

1. 工序分析。

_____

_____

2. 工件图样分析。

_____

_____

_____

三、设计定位方案

1. 本工序加工理论上应限制自由度。

先在工序上标注坐标轴，再根据加工精度要求，分析理论上应限制自由度。

工序尺寸为：_____

要满足加工要求理论上应限制的自由度：_____

2. 定位基准分析。

根据图 4-3，选择的定位基准面分别是_____

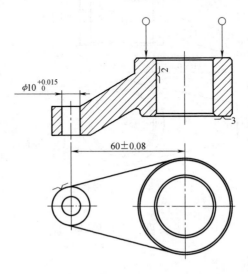

图 4-3　钻削杠杆孔工序图

3. 定位元件设计（说明选用什么定位元件，如何与定位基准面配合）。

_____

_____

_____

确定与工件配合的心轴定位销直径：_____。

4. 定位误差分析。

对于位置尺寸 60mm±0.08mm：

$\Delta_{jb} =$

$\Delta_{db} =$

$\Delta_{dw} =$

允许定位误差：$\dfrac{T}{3} =$

判断：_____

结论：_____

四、设计夹紧方案

_____

_____

五、设计导引方案

1. 确定钻套导引孔内径尺寸 d、高度 H、外径 D。

_____

_____

_____

2. 确定钻套位置尺寸 L。

_____

_____

3. 对刀误差 Δ_{jd} 计算。

_____

_____

_____

_____

六、设计夹具与机床连接装置

1. 夹具与机床的连接。

夹具与机床连接方式：_____

夹具体材料选用：_____

夹具体结构：_____

_____

_____

2. 夹具位置误差 Δ_{jw} 计算。

_____

_____

_____

七、分析夹具精度

对于位置尺寸 60mm±0.08mm：

$\Delta_{dw} =$ $\Delta_{jw} =$ $\Delta_{jd} =$

$\Delta = \sqrt{\Delta_{dw}^2 + \Delta_{jw}^2 + \Delta_{jd}^2} =$

与 $2T/3$ 比较：

判断：_____

八、绘制夹具总装配图及零件图

1. 绘制夹具总装配图。

根据总体结构设计，绘制夹具总装配图，并标注必要尺寸及技术要求。

（1）标注尺寸

外形轮廓尺寸：_____

工件与定位元件联系尺寸：_____

夹具与机床的尺寸：_____

其他配合尺寸：_____

（2）技术要求

_____

_____

_____

2. 绘制零件图。

合理地选择零件材料，设计零件结构，并标注尺寸公差及技术要求。

项目五　车床夹具设计

任务一　实践感知——在车床上使用夹具

根据配套《机床夹具设计》教材中图 5-3，该零件材料为 40Cr，中批量生产，采用 CA6140 车床加工，已完成车内孔、左端面工序，现需使用车床夹具完成外圆及右端面的车削加工。工序图与工序机械加工工艺卡片见配套《机床夹具设计》教材中表 5-2。现要求学生在教师指导下完成工件装夹、加工。通过加工回答以下问题。

一、指出车床夹具组成及设计要求

该车床夹具由＿＿＿＿＿＿＿＿＿＿＿＿＿＿＿＿＿＿＿＿＿＿＿＿＿＿＿等部分组成。夹具的旋转轴线应尽量与＿＿＿＿＿＿＿＿＿＿＿＿＿＿＿＿＿＿重合，配置平衡块是为了＿＿＿＿＿＿＿＿＿＿＿＿＿＿＿＿。

二、该车床夹具如何进行定位

该工件以＿＿＿＿＿＿＿＿＿＿＿＿＿为定位基准面进行定位，所选择是定位元件分别是＿＿＿＿＿＿＿＿＿＿＿＿＿＿＿＿＿＿＿＿＿＿＿＿＿，综合限制＿＿＿＿＿个自由度。

三、该车床夹具如何夹紧

该工件通过＿＿＿＿＿＿＿＿＿＿＿＿＿＿＿＿＿＿＿＿＿＿＿＿进行夹紧，该夹紧机构称为＿＿＿＿＿＿＿＿夹紧机构，该夹紧机构的工作特点是＿＿＿＿＿＿＿＿＿＿

＿＿＿＿＿＿＿＿＿＿＿＿＿＿＿＿＿＿＿＿＿＿＿＿＿＿＿。

四、该车床夹具与车床如何连接

该车床夹具通过＿＿＿＿＿＿＿＿＿＿＿＿＿＿＿＿＿＿＿＿＿＿＿＿＿＿＿＿＿与车床连接。

五、在夹具定位中，影响夹具位置精度的因素有哪些

在夹具定位中，影响夹具位置精度的因素有＿＿＿＿＿＿＿＿＿＿＿＿＿＿＿＿＿

＿＿＿＿＿＿＿＿＿＿＿＿＿＿＿＿＿＿＿＿＿＿＿＿＿＿。

任务二　相关知识学习

一、填空题

1. 设计卡盘、花盘类夹具应尽量使夹具重心靠近＿＿＿＿＿＿＿＿＿＿＿以减少离心力和回转力矩。

2. 在车床上，当工件形状复杂或不规则无法用自定心和单动卡盘装夹时，常

用_____和_____装夹。

3. 专用车床夹具的回转轴线与车床主轴轴线的同轴度与_____有关。

二、选择题

1. 采用弹性心轴装夹短套工件，属（　　　）。

A. 完全定位　　　　　　　　B. 不完全定位

C. 过定位　　　　　　　　　D. 重复定位

2. 套类工件以心轴定位车削外圆时，其定位基准是（　　　）。

A. 工件外圆柱面　　　　　　B. 工件内圆柱面的中心线

C. 心轴外圆柱面　　　　　　D. 心轴中心线

3. 在车床上使用花盘时，由于工件偏向一边，必须在花盘上的适当位置安装
（　　　）。

A. 压板　　　　　　　　　　B. V 形铁

C. 平衡铁　　　　　　　　　D. 角铁

三、判断题

1. 车床夹具应保证工件的定位基准与机床的主轴回转中心线保持严格的位置
关系。　　　　　　　　　　　　　　　　　　　　　　　　　　　　　（　　　）

2. 组合夹具是由一套完全标准化的元件，根据工件的加工要求拼装而成的夹
具。　　　　　　　　　　　　　　　　　　　　　　　　　　　　　　（　　　）

3. 偏心夹紧机构通常因为结构简单、操作简便，所以得到了广泛运用。除了
在铣床上运用外，还在车床上也得到了充分的运用。　　　　　　　　（　　　）

四、分析题

图 5-1 所示为开合螺母车削工序图，在 CA6140 车床加工。开合螺母在本工序

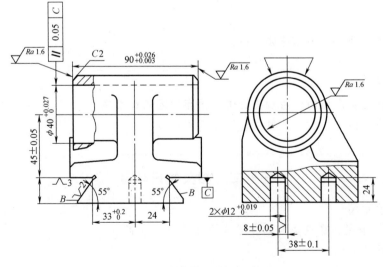

图 5-1　开合螺母车削工序图

中需精镗 $\phi 40^{+0.027}_{0}$ mm 孔及车端面。工件材料为 45 钢，毛坯为锻件，中批量生产。假设过渡盘与车床主轴配合尺寸为 $\phi 92 \dfrac{H7}{js6}$（$\phi 92H7 = \phi 92^{+0.035}_{0}$ mm，$\phi 92js6 = \phi 92$ mm ± 0.011 mm），假设夹具体与过渡盘配合尺寸为 $\phi 160 \dfrac{H7}{js6}$（$\phi 160H7 = \phi 92^{+0.040}_{0}$ mm，$\phi 160js6 = \phi 160$ mm ± 0.0125 mm）。

1）$\phi 40^{+0.027}_{0}$ mm 孔轴线到燕尾导轨底面 C 的距离为 45mm ± 0.05mm。

2）$\phi 40^{+0.027}_{0}$ mm 孔轴线与燕尾导轨底面 C 的平行度公差为 0.05mm。

3）$\phi 40^{+0.027}_{0}$ mm 孔与 $\phi 12^{+0.019}_{0}$ mm 孔的距离为 8mm ± 0.05mm。

现设计夹具结构如图 5-2 所示，针对 45mm ± 0.05mm，试计算夹具的定位误差 Δ_{dw} 与位置误差 Δ_{jw}。

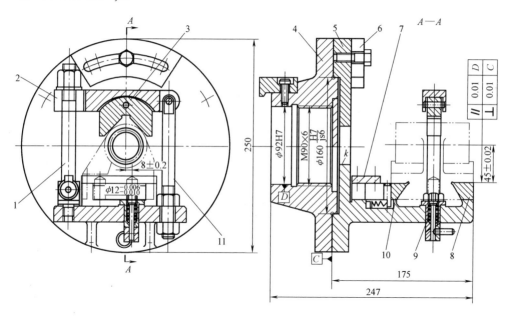

图 5-2　开合螺母车削夹具结构

1、11—螺栓　2—压板　3—摆动 V 形块　4—过渡盘　5—夹具体　6—平衡块

7—盖板　8—固定支承板　9—活动菱形销　10—活动支承板

任务三　样例学习

一、简答题

1. 简述车床夹具设计步骤。

2. 通常车床夹具如何与车床连接？

二、分析计算题

根据配套教材中图 5-3，材料为 40Cr，中批量生产，采用 CA6140 车床加工，已完成车内孔、左端面工序，现需使用专用车床夹具完成外圆及右端面的车削加工。所设计车床夹具如配套教材中图 5-17 所示。如果弹性筒夹与工件定位孔配合由 $\phi 80H7/f6$ 改为 $\phi 80H8/g7$，试分析该工序的夹具精度。

任 务 四　项 目 实 施

一、设计前准备

1. 准备设计资料。

2. 进行实际调查。

二、任务分析

1. 工序分析。

2. 工件图样分析。

三、设计定位方案

1. 本工序加工理论上应限制自由度。

先在工序上标注坐标轴，再根据加工精度要求，分析理论上应限制自由度。

工序尺寸为：_____

要满足加工要求理论上应限制的自由度：_____

2. 定位基准分析。

根据图 5-3，选择的定位基准面分别是_____

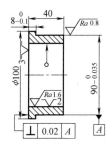

图 5-3　隔套车削工序图

3. 定位元件选择（说明选用什么定位元件，如何与定位基准面配合）。

_____

_____

_____

4. 确定心轴尺寸。

确定心轴的直径：$d_1 = D_1 g6 =$ _____

5. 计算定位误差。

① 针对同轴度 $\phi 0.06$ mm。

_____

_____

② 针对 $8_{-0.1}^{0}$ mm。

_____

_____

四、设计夹紧方案

_____

_____

五、设计夹具与车床连接装置

_____

_____

_____

弹性心轴中心线与莫氏 6 号锥柄轴线的同轴度：

弹性心轴轴肩端面与莫氏 6 号锥柄轴线的垂直度：

六、分析夹具精度

1. 针对同轴度 $\phi 0.06\text{mm}$。

$\Delta_{dw1} =$　　　　　　　$\Delta_{jw1} =$

$\Delta_{jd1} =$

$\Delta = \sqrt{\Delta_{dw1}^2 + \Delta_{jw1}^2 + \Delta_{jd1}^2} =$

与 $2T/3$ 比较：

判断：

2. 针对 $8_{-0.1}^{\ 0}\text{mm}$。

$\Delta_{dw2} =$　　　　　　　$\Delta_{jw2} =$

$\Delta_{jd2} =$

$\Delta = \sqrt{\Delta_{dw2}^2 + \Delta_{jw2}^2 + \Delta_{jd2}^2} =$

与 $2T/3$ 比较：

判断：_____

综合判断：_____

七、绘制夹具总装配图及零件图

1. 绘制夹具总装配图。

根据总体结构设计，绘制夹具总装配图，并标注必要尺寸及技术要求。

（1）标注尺寸

外形轮廓尺寸：_____

工件与定位元件联系尺寸：_____

夹具与机床的尺寸：_____

其他配合尺寸：_____

（2）技术要求

定位元件之间：_____

定位元件基准与夹具体：_____

2. 绘制零件图。

合理地选择零件材料，设计零件结构，并标注尺寸公差及技术要求。

项目六 铣床夹具设计

任务一 实践感知——在铣床上使用夹具

根据配套《机床夹具设计》教材中图6-3，材料为铝，中批量生产，毛坯为棒料 $\phi175mm\times55mm$，已完成外圆、内孔及端面加工，现需使用铣床夹具完成铣端面槽及 $6\times\phi8H7$ 孔的加工。工序图与工序机械加工工艺卡片见配套《机床夹具设计》中表6-2。现要求学生在教师指导下完成工件装夹、加工。通过加工回答以下问题。

一、指出铣床夹具组成及各部件的作用

前轮毂侧盖夹具由_____等部分组成。定位装置的作用_____，夹紧机构的作用是_____，夹具体的作用是_____。

二、该铣床夹具如何进行定位

该工件以_____为定位基准面进行定位，所选择是定位元件分别是_____，综合限制_____自由度。

三、该铣床夹具如何夹紧

该工件通过_____进行夹紧，该夹紧机构称为_____夹紧机构，该夹紧机构的工作特点是_____。

四、该铣床夹具与数控铣床工作台如何连接

前轮毂侧盖夹具通过_____与数控铣床连接，令双键靠向 T 形槽_____，以消除夹具对定间隙，提高夹具的定位精度。

五、工件加工时如何实现对刀

该夹具加工工件通过_____进行 X 向、Y 向、Z 向对刀。

六、在夹具定位中，影响夹具位置精度的因素有哪些

在夹具定位中，影响夹具位置精度的因素有_____

_____

_____

_____

任务二　相关知识学习

一、填空题

1. 从结构上看，夹具的对刀装置主要由 _____、_____ __ 和 _____ 组成。

2. 铣床夹具的位置误差通常由两部分原因造成，一是 _____ _____；二是 _____。

3. 定位键是连接 _____ 与 _____ 之间的元件。常用的定位键已标准化，材料选用 _____。

二、选择题

1. 下列关于常用塞尺的描述中，错误的是（　　　）。

A. 平塞尺常用厚度为 1mm、2mm、3mm

B. 圆柱塞尺多用于成形铣刀对刀，常用直径为 3mm、5mm

C. 平塞尺和圆柱塞尺的尺寸均按 h6 精度制造

D. 塞尺常用 T7A 钢制造，淬火后硬度要求达到 55~60HRC

2. B 型定位键把上下两部分配合作用尺寸分开，中间设置 2mm 退刀槽，上半部与夹具导向槽配合，下半部与工作台 T 形槽的配合，留有（　　　）的配磨研量，将按 T 形槽的具体尺寸来配作。

A. 1mm　　　　　B. 0.5mm　　　　　C. 0.1mm　　　　　D. 2mm

3. 塞尺常用（　　　）制造，淬火硬度为 60~64HRC。

A. T7A　　　　　B. 20 钢　　　　　C. 45 钢　　　　　D. HT220

三、判断题

1. 从结构上看，对刀装置主要由对刀装置基座、标准对刀块和对刀塞尺组成。

（　　　）

2. 对于加工精度要求较高或不便于设置对刀装置时，可采用试切法、样件对刀法或采用百分表找正刀具相对于定位元件的位置的方法。　　（　　　）

3. 铣床夹具与机床连接，当定位精度要求高时，一般选用 B 型定位键。

（　　　）

四、分析题

图 6-1 所示为轴端槽铣削工序图。本工序需在直径为 $\phi45h7$ 的圆柱面的端面上铣削一个槽，槽的宽度为 $8^{+0.50}_{0}$mm，深度为 10mm；槽相对 $\phi45h7$ 圆柱面轴线的对称度公差为 0.05mm，精度高求较高。材料为 45 钢，批量为 300 件。现设计夹具结构如图 6-2 所示，V 形块中心线对键侧面的平行度公差为 0.05mm，定位键与 T 形槽的配合为 14H7/h6（$14H7 = 14^{+0.018}_{0}$、$14h6 = 14^{0}_{-0.011}$），两键间距 160mm，试计算由于定位键与 T 形槽配合引起的夹具位置误差。

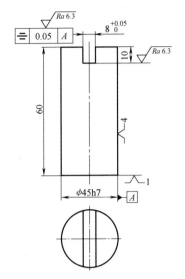

图 6-1 轴端槽铣削工序图

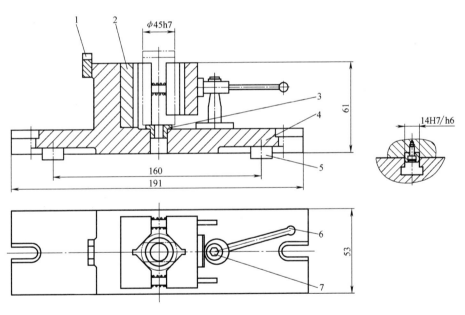

图 6-2 铣削轴端槽的铣床夹具结构

1—对刀块 2—V 形块 3—支承套 4—夹具体 5—定位键 6—手柄 7—偏心轮

任务三 样例学习

一、简答题

1. 简述铣床夹具设计步骤。

_____

2. 通常铣床夹具如何与铣床连接？
_____

_____

二、分析计算题

根据配套教材中图 6-3，材料为铝，中批量生产，毛坯为 $\phi175\text{mm}\times55\text{mm}$ 棒料，已完成外圆、内孔及端面加工，现需使用铣床夹具在 CY-KX850LD 数控铣床上完成铣端面槽及 $6\times\phi8H7$ 孔的加工。工序图和机械加工工艺卡片见配套教材中表 6-2。所设计专用夹具如配套教材中图 6-19 所示。如果定位心轴与工件定位孔配合由 $\phi50H7/g6$ 改为 $\phi50H8/g7$，已知：$\phi50H8 = \phi50^{+0.039}_{0}\text{mm}$；$\phi50g7 = \phi50^{+0.009}_{-0.034}\text{mm}$，试分析该工序的定位精度。

任务四　项目实施

一、设计前准备

1. 准备设计资料。
_____

_____

2. 进行实际调查。
_____

_____

_____

二、任务分析

1. 工序分析。
_____

_____

_____

2. 工件图样分析。
_____

_____

_____

三、设计定位方案

1. 本工序加工理论上应限制自由度。

先在工序上标注坐标轴，再根据加工精度要求，分析理论上应限制自由度。

工序尺寸为：_____

要满足加工要求理论上应限制的自由度：_____

2. 定位基准分析。

根据图 6-3，选择的定位基准面分别是_____

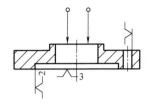

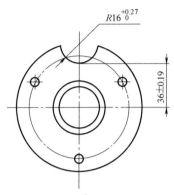

图 6-3 轴承盖铣圆弧槽工序图

3. 定位元件选择（说明选用什么定位元件，如何与定位基准面配合）。

_____

_____

_____

4. 确定两销尺寸。

布置销位：圆柱销布置在_____，菱形销布置在_____。

确定销间距：$L \pm \Delta_J =$ _____。

确定圆柱销的直径：$d_1 = D_1 g6 =$ _____

确定菱形销的直径：$d_2 =$ _____，查教材中表 2-4 得，$b =$ _____。

$\Delta_2 = (2b/D_2)(\Delta_K + \Delta_J - \Delta_1/2) =$ _____。

$d_2 = (D_2 - \Delta_2) h6 =$ _____。

5. 计算定位误差。

① 针对 36mm±0.19mm。

_____

_____

② 针对 $R16^{+0.27}_{0}$ mm。

_____

6. 定位元件布局。

四、设计夹紧方案

五、确定对刀方案

六、设计夹具与铣床连接装置

1. 确定夹具体。

夹具体采用的材料、主要结构：_____

定位心轴轴线对夹具体底面的垂直度：_____

2. 确定定位键。

CY-KX850LD 数控铣床，T 形槽宽度_____

定位键型号：_____，宽度：_____，两键之间距离 L：_____。

3. 计算夹具位置误差。

① 针对 36mm±0.19mm。

② 针对 $R16^{+0.27}_{0}$ mm。

七、分析夹具精度

1. 针对 36mm±0.19mm。

$\Delta_{dw1} =$ $\Delta_{jw1} =$ $\Delta_{jd1} =$

$\Delta = \sqrt{\Delta_{dw1}^2 + \Delta_{jw1}^2 + \Delta_{jd1}^2} =$

48

与 $2T/3$ 比较：

判断：

2. 针对 $R16^{+0.27}_{0}\text{mm}$。

$\Delta_{dw2} =$ $\Delta_{jw2} =$ $\Delta_{jd2} =$

$\Delta = \sqrt{\Delta_{dw2}^2 + \Delta_{jw2}^2 + \Delta_{jd2}^2} =$

与 $2T/3$ 比较：

判断：_____

_____

_____

八、绘制夹具总装配图及零件图

1. 绘制夹具总装配图。

根据总体结构设计，绘制夹具总装配图，并标注必要尺寸及技术要求。

（1）标注尺寸

外形轮廓尺寸：_____

工件与定位元件联系尺寸：_____

夹具与机床的尺寸：_____

其他配合尺寸：_____

（2）技术要求

定位元件之间：_____

定位元件基准与夹具体底面：_____

_____

定位元件基准与定位键侧面：_____

2. 绘制零件图。

合理地选择零件材料，设计零件结构，并标注尺寸公差及技术要求。